ISBN 978-3-663-00865-1   ISBN 978-3-663-02778-2 (eBook)
DOI 10.1007/978-3-663-02778-2

VIER- UND FÜNFSTELLIGE

LOGARITHMENTAFELN

NEBST EINIGEN

PHYSIKALISCHEN KONSTANTEN

ZUSAMMENGESTELLT VON

L. HOLBORN UND KARL SCHEEL

ZWEITE AUFLAGE

BRAUNSCHWEIG

DRUCK UND VERLAG VON FRIEDR. VIEWEG & SOHN

1914

N.	L. 0	1	2	3	4	5	6	7	8	9		Proportionalteile							
											1	2	3	4	5	6	7	8	9
0	—	0000	3010	4771	6021	6990	7782	8451	9031	9542									
1	0000	0414	0792	1139	1461	1761	2041	2304	2553	2788									
2	3010	3222	3424	3617	3802	3979	4150	4314	4472	4624									
3	4771	4914	5051	5185	5315	5441	5563	5682	5798	5911									
4	6021	6128	6232	6335	6435	6532	6628	6721	6812	6902									
5	6990	7076	7160	7243	7324	7404	7482	7559	7634	7709									
6	7782	7853	7924	7993	8062	8129	8195	8261	8325	8388									
7	8451	8513	8573	8633	8692	8751	8808	8865	8921	8976									
8	9031	9085	9138	9191	9243	9294	9345	9395	9445	9494									
9	9542	9590	9638	9685	9731	9777	9823	9868	9912	9956									
10	0000	0043	0086	0128	0170	0212	0253	0294	0334	0374	4	8	12	17	21	25	29	33	37
11	0414	0453	0492	0531	0569	0607	0645	0682	0719	0755	4	8	11	15	19	23	26	30	34
12	0792	0828	0864	0899	0934	0969	1004	1038	1072	1106	3	7	10	14	17	21	24	28	31
13	1139	1173	1206	1239	1271	1303	1335	1367	1399	1430	3	6	10	13	16	19	23	26	29
14	1461	1492	1523	1553	1584	1614	1644	1673	1703	1732	3	6	9	12	15	18	21	24	27
15	1761	1790	1818	1847	1875	1903	1931	1959	1987	2014	3	6	8	11	14	17	20	22	25
16	2041	2068	2095	2122	2148	2175	2201	2227	2253	2279	3	5	8	11	13	16	18	21	24
17	2304	2330	2355	2380	2405	2430	2455	2480	2504	2529	2	5	7	10	12	15	17	20	22
18	2553	2577	2601	2625	2648	2672	2695	2718	2742	2765	2	5	7	9	12	14	16	19	21
19	2788	2810	2833	2856	2878	2900	2923	2945	2967	2989	2	4	7	9	11	13	16	18	20
20	3010	3032	3054	3075	3096	3118	3139	3160	3181	3201	2	4	6	8	11	13	15	17	19
21	3222	3243	3263	3284	3304	3324	3345	3365	3385	3404	2	4	6	8	10	12	14	16	18
22	3424	3444	3464	3483	3502	3522	3541	3560	3579	3598	2	4	6	8	10	12	14	15	17
23	3617	3636	3655	3674	3692	3711	3729	3747	3766	3784	2	4	6	7	9	11	13	15	17
24	3802	3820	3838	3856	3874	3892	3909	3927	3945	3962	2	4	5	7	9	11	12	14	16
25	3979	3997	4014	4031	4048	4065	4082	4099	4116	4133	2	3	5	7	9	10	12	14	15
26	4150	4166	4183	4200	4216	4232	4249	4265	4281	4298	2	3	5	7	8	10	11	13	15
27	4314	4330	4346	4362	4378	4393	4409	4425	4440	4456	2	3	5	6	8	9	11	13	14
28	4472	4487	4502	4518	4533	4548	4564	4579	4594	4609	2	3	5	6	8	9	11	12	14
29	4624	4639	4654	4669	4683	4698	4713	4728	4742	4757	1	3	4	6	7	9	10	12	13
30	4771	4786	4800	4814	4829	4843	4857	4871	4886	4900	1	3	4	6	7	9	10	11	13
31	4914	4928	4942	4955	4969	4983	4997	5011	5024	5038	1	3	4	6	7	8	10	11	12
32	5051	5065	5079	5092	5105	5119	5132	5145	5159	5172	1	3	4	5	7	8	9	11	12
33	5185	5198	5211	5224	5237	5250	5263	5276	5289	5302	1	3	4	5	6	8	9	10	12
34	5315	5328	5340	5353	5366	5378	5391	5403	5416	5428	1	3	4	5	6	8	9	10	11
35	5441	5453	5465	5478	5490	5502	5514	5527	5539	5551	1	2	4	5	6	7	9	10	11
36	5563	5575	5587	5599	5611	5623	5635	5647	5658	5670	1	2	4	5	6	7	8	10	11
37	5682	5694	5705	5717	5729	5740	5752	5763	5775	5786	1	2	3	5	6	7	8	9	10
38	5798	5809	5821	5832	5843	5855	5866	5877	5888	5899	1	2	3	5	6	7	8	9	10
39	5911	5922	5933	5944	5955	5966	5977	5988	5999	6010	1	2	3	4	5	7	8	9	10
40	6021	6031	6042	6053	6064	6075	6085	6096	6107	6117	1	2	3	4	5	6	8	9	10
41	6128	6138	6149	6160	6170	6180	6191	6201	6212	6222	1	2	3	4	5	6	7	8	9
42	6232	6243	6253	6263	6274	6284	6294	6304	6314	6325	1	2	3	4	5	6	7	8	9
43	6335	6345	6355	6365	6375	6385	6395	6405	6415	6425	1	2	3	4	5	6	7	8	9
44	6435	6444	6454	6464	6474	6484	6493	6503	6513	6522	1	2	3	4	5	6	7	8	9
45	6532	6542	6551	6561	6571	6580	6590	6599	6609	6618	1	2	3	4	5	6	7	8	9
46	6628	6637	6646	6656	6665	6675	6684	6693	6702	6712	1	2	3	4	5	6	7	7	8
47	6721	6730	6739	6749	6758	6767	6776	6785	6794	6803	1	2	3	4	5	5	6	7	8
48	6812	6821	6830	6839	6848	6857	6866	6875	6884	6893	1	2	3	4	4	5	6	7	8
49	6902	6911	6920	6928	6937	6946	6955	6964	6972	6981	1	2	3	4	4	5	6	7	8
50	6990	6998	7007	7016	7024	7033	7042	7050	7059	7067	1	2	3	3	4	5	6	7	8
N.	L. 0	1	2	3	4	5	6	7	8	9	1	2	3	4	5	6	7	8	9

N.	L. 0	1	2	3	4	5	6	7	8	9				Proportionalteile					
											1	2	3	4	5	6	7	8	9
50	6990	6998	7007	7016	7024	7033	7042	7050	7059	7067	1	2	3	3	4	5	6	7	8
51	7076	7084	7093	7101	7110	7118	7126	7135	7143	7152	1	2	3	3	4	5	6	7	8
52	7160	7168	7177	7185	7193	7202	7210	7218	7226	7235	1	2	2	3	4	5	6	7	7
53	7243	7251	7259	7267	7275	7284	7292	7300	7308	7316	1	2	2	3	4	5	6	6	7
54	7324	7332	7340	7348	7356	7364	7372	7380	7388	7396	1	2	2	3	4	5	6	6	7
55	7404	7412	7419	7427	7435	7443	7451	7459	7466	7474	1	2	2	3	4	5	5	6	7
56	7482	7490	7497	7505	7513	7520	7528	7536	7543	7551	1	2	2	3	4	5	5	6	7
57	7559	7566	7574	7582	7589	7597	7604	7612	7619	7627	1	2	2	3	4	5	5	6	7
58	7634	7642	7649	7657	7664	7672	7679	7686	7694	7701	1	1	2	3	4	4	5	6	7
59	7709	7716	7723	7731	7738	7745	7752	7760	7767	7774	1	1	2	3	4	4	5	6	7
60	7782	7789	7796	7803	7810	7818	7825	7832	7839	7846	1	1	2	3	4	4	5	6	6
61	7853	7860	7868	7875	7882	7889	7896	7903	7910	7917	1	1	2	3	4	4	5	6	6
62	7924	7931	7938	7945	7952	7959	7966	7973	7980	7987	1	1	2	3	3	4	5	6	6
63	7993	8000	8007	8014	8021	8028	8035	8041	8048	8055	1	1	2	3	3	4	5	5	6
64	8062	8069	8075	8082	8089	8096	8102	8109	8116	8122	1	1	2	3	3	4	5	5	6
65	8129	8136	8142	8149	8156	8162	8169	8176	8182	8189	1	1	2	3	3	4	5	5	6
66	8195	8202	8209	8215	8222	8228	8235	8241	8248	8254	1	1	2	3	3	4	5	5	6
67	8261	8267	8274	8280	8287	8293	8299	8306	8312	8319	1	1	2	3	3	4	5	5	6
68	8325	8331	8338	8344	8351	8357	8363	8370	8376	8382	1	1	2	3	3	4	4	5	6
69	8388	8395	8401	8407	8414	8420	8426	8432	8439	8445	1	1	2	2	3	4	4	5	6
70	8451	8457	8463	8470	8476	8482	8488	8494	8500	8506	1	1	2	2	3	4	4	5	6
71	8513	8519	8525	8531	8537	8543	8549	8555	8561	8567	1	1	2	2	3	4	4	5	5
72	8573	8579	8585	8591	8597	8603	8609	8615	8621	8627	1	1	2	2	3	4	4	5	5
73	8633	8639	8645	8651	8657	8663	8669	8675	8681	8686	1	1	2	2	3	4	4	5	5
74	8692	8698	8704	8710	8716	8722	8727	8733	8739	8745	1	1	2	2	3	3	4	5	5
75	8751	8756	8762	8768	8774	8779	8785	8791	8797	8802	1	1	2	2	3	3	4	5	5
76	8808	8814	8820	8825	8831	8837	8842	8848	8854	8859	1	1	2	2	3	3	4	5	5
77	8865	8871	8876	8882	8887	8893	8899	8904	8910	8915	1	1	2	2	3	3	4	4	5
78	8921	8927	8932	8938	8943	8949	8954	8960	8965	8971	1	1	2	2	3	3	4	4	5
79	8976	8982	8987	8993	8998	9004	9009	9015	9020	9025	1	1	2	2	3	3	4	4	5
80	9031	9036	9042	9047	9053	9058	9063	9069	9074	9079	1	1	2	2	3	3	4	4	5
81	9085	9090	9096	9101	9106	9112	9117	9122	9128	9133	1	1	2	2	3	3	4	4	5
82	9138	9143	9149	9154	9159	9165	9170	9175	9180	9186	1	1	2	2	3	3	4	4	5
83	9191	9196	9201	9206	9212	9217	9222	9227	9232	9238	1	1	2	2	3	3	4	4	5
84	9243	9248	9253	9258	9263	9269	9274	9279	9284	9289	1	1	2	2	3	3	4	4	5
85	9294	9299	9304	9309	9315	9320	9325	9330	9335	9340	1	1	2	2	3	3	4	4	5
86	9345	9350	9355	9360	9365	9370	9375	9380	9385	9390	1	1	2	2	3	3	4	4	5
87	9395	9400	9405	9410	9415	9420	9425	9430	9435	9440	0	1	1	2	2	3	3	4	4
88	9445	9450	9455	9460	9465	9469	9474	9479	9484	9489	0	1	1	2	2	3	3	4	4
89	9494	9499	9504	9509	9513	9518	9523	9528	9533	9538	0	1	1	2	2	3	3	4	4
90	9542	9547	9552	9557	9562	9566	9571	9576	9581	9586	0	1	1	2	2	3	3	4	4
91	9590	9595	9600	9605	9609	9614	9619	9624	9628	9633	0	1	1	2	2	3	3	4	4
92	9638	9643	9647	9652	9657	9661	9666	9671	9675	9680	0	1	1	2	2	3	3	4	4
93	9685	9689	9694	9699	9703	9708	9713	9717	9722	9727	0	1	1	2	2	3	3	4	4
94	9731	9736	9741	9745	9750	9754	9759	9763	9768	9773	0	1	1	2	2	3	3	4	4
95	9777	9782	9786	9791	9795	9800	9805	9809	9814	9818	0	1	1	2	2	3	3	4	4
96	9823	9827	9832	9836	9841	9845	9850	9854	9859	9863	0	1	1	2	2	3	3	4	4
97	9868	9872	9877	9881	9886	9890	9894	9899	9903	9908	0	1	1	2	2	3	3	4	4
98	9912	9917	9921	9926	9930	9934	9939	9943	9948	9952	0	1	1	2	2	3	3	4	4
99	9956	9961	9965	9969	9974	9978	9983	9987	9991	9996	0	1	1	2	2	3	3	3	4
100	0000	0004	0009	0013	0017	0022	0026	0030	0035	0039	0	1	1	2	2	3	3	3	4
N.	L. 0	1	2	3	4	5	6	7	8	• 9	1	2	3	4	5	6	7	8	9

N.	L. 0	1	2	3	4	5	6	7	8	9	Prop. 1	2	3	4	5	6	7	8	9
100	00 000	043	087	130	173	217	260	303	346	389	4	9	13	17	22	26	30	35	39
101	432	475	518	561	604	647	689	732	775	817	4	9	13	17	21	26	30	34	39
102	860	903	945	988	*030	*072	*115	*157	*199	*242	4	8	13	17	21	25	30	34	38
103	01 284	326	368	410	452	494	536	578	620	662	4	8	13	17	21	25	29	34	38
104	703	745	787	828	870	912	953	995	*036	*078	4	8	12	17	21	25	29	33	37
105	02 119	160	202	243	284	325	366	407	449	490	4	8	12	16	21	25	29	33	37
106	531	572	612	653	694	735	776	816	857	898	4	8	12	16	20	24	29	33	37
107	938	979	*019	*060	*100	*141	*181	*222	*262	*302	4	8	12	16	20	24	28	32	36
108	03 342	383	423	463	503	543	583	623	663	703	4	8	12	16	20	24	28	32	36
109	743	782	822	862	902	941	981	*021	*060	*100	4	8	12	16	20	24	28	32	36
110	04 139	179	218	258	297	336	376	415	454	493	4	8	12	16	20	24	28	31	35
111	532	571	610	650	689	727	766	805	844	883	4	8	12	16	19	23	27	31	35
112	922	961	999	*038	*077	*115	*154	*192	*231	*269	4	8	12	15	19	23	27	31	35
113	05 308	346	385	423	461	500	538	576	614	652	4	8	11	15	19	23	27	31	34
114	690	729	767	805	843	881	918	956	994	*032	4	8	11	15	19	23	27	30	34
115	06 070	108	145	183	221	258	296	333	371	408	4	8	11	15	19	23	26	30	34
116	446	483	521	558	595	633	670	707	744	781	4	7	11	15	19	22	26	30	34
117	819	856	893	930	967	*004	*041	*078	*115	*151	4	7	11	15	18	22	26	30	33
118	07 188	225	262	298	335	372	408	445	482	518	4	7	11	15	18	22	26	29	33
119	555	591	628	664	700	737	773	809	846	882	4	7	11	15	18	22	25	29	33
120	918	954	990	*027	*063	*099	*135	*171	*207	*243	4	7	11	14	18	22	25	29	32
121	08 279	314	350	386	422	458	493	529	565	600	4	7	11	14	18	21	25	29	32
122	636	672	707	743	778	814	849	884	920	955	4	7	11	14	18	21	25	28	32
123	991	*026	*061	*096	*132	*167	*202	*237	*272	*307	4	7	11	14	18	21	25	28	32
124	09 342	377	412	447	482	517	552	587	621	656	3	7	10	14	17	21	24	28	31
125	691	726	760	795	830	864	899	934	968	*003	3	7	10	14	17	21	24	28	31
126	10 037	072	106	140	175	209	243	278	312	346	3	7	10	14	17	21	24	27	31
127	380	415	449	483	517	551	585	619	653	687	3	7	10	14	17	20	24	27	31
128	721	755	789	823	857	890	924	958	992	*025	3	7	10	14	17	20	24	27	30
129	11 059	093	126	160	193	227	261	294	327	361	3	7	10	13	17	20	23	27	30
130	394	428	461	494	528	561	594	628	661	694	3	7	10	13	17	20	23	27	30
131	727	760	793	826	860	893	926	959	992	*024	3	7	10	13	17	20	23	26	30
132	12 057	090	123	156	189	222	254	287	320	352	3	7	10	13	16	20	23	26	29
133	385	418	450	483	516	548	581	613	646	678	3	7	10	13	16	20	23	26	29
134	710	743	775	808	840	872	905	937	969	*001	3	6	10	13	16	19	23	26	29
135	13 033	066	098	130	162	194	226	258	290	322	3	6	10	13	16	19	22	26	29
136	354	386	418	450	481	513	545	577	609	640	3	6	10	13	16	19	22	25	29
137	672	704	735	767	799	830	862	893	925	956	3	6	9	13	16	19	22	25	28
138	988	*019	*051	*082	*114	*145	*176	*208	*239	*270	3	6	9	13	16	19	22	25	28
139	14 301	333	364	395	426	457	489	520	551	582	3	6	9	12	16	19	22	25	28
140	613	644	675	706	737	768	799	829	860	891	3	6	9	12	15	19	22	25	28
141	922	953	983	*014	*045	*076	*106	*137	*168	*198	3	6	9	12	15	18	21	25	28
142	15 229	259	290	320	351	381	412	442	473	503	3	6	9	12	15	18	21	24	27
143	534	564	594	625	655	685	715	746	776	806	3	6	9	12	15	18	21	24	27
144	836	866	897	927	957	987	*017	*047	*077	*107	3	6	9	12	15	18	21	24	27
145	16 137	167	197	227	256	286	316	346	376	406	3	6	9	12	15	18	21	24	27
146	435	465	495	524	554	584	613	643	673	702	3	6	9	12	15	18	21	24	27
147	732	761	791	820	850	879	909	938	967	997	3	6	9	12	15	18	21	24	26
148	17 026	056	085	114	143	173	202	231	260	289	3	6	9	12	15	18	20	23	26
149	319	348	377	406	435	464	493	522	551	580	3	6	9	12	15	17	20	23	26
150	609	638	667	696	725	754	782	811	840	869	3	6	9	12	14	17	20	23	26

N.	L. 0	1	2	3	4	5	6	7	8	9	1	2	3	4	5	6	7	8	9

N.	L.	0	1	2	3	4	5	6	7	8	9	Proportionalteile								
												1	2	3	4	5	6	7	8	9
150	17	609	638	667	696	725	754	782	811	840	869	3	6	9	12	14	17	20	23	26
151		898	926	955	984	*013	*041	*070	*099	*127	*156	3	6	9	11	14	17	20	23	26
152	18	184	213	241	270	298	327	355	384	412	441	3	6	9	11	14	17	20	23	26
153		469	498	526	554	583	611	639	667	696	724	3	6	8	11	14	17	20	23	25
154		752	780	808	837	865	893	921	949	977	*005	3	6	8	11	14	17	20	22	25
155	19	033	061	089	117	145	173	201	229	257	285	3	6	8	11	14	17	20	22	25
156		312	340	368	396	424	451	479	507	535	562	3	6	8	11	14	17	19	22	25
157		590	618	645	673	700	728	756	783	811	838	3	6	8	11	14	17	19	22	25
158		866	893	921	948	976	*003	*030	*058	*085	*112	3	5	8	11	14	16	19	22	25
159	20	140	167	194	222	249	276	303	330	358	385	3	5	8	11	14	16	19	22	25
160		412	439	466	493	520	548	575	602	629	656	3	5	8	11	14	16	19	22	24
161		683	710	737	763	790	817	844	871	898	925	3	5	8	11	13	16	19	22	24
162		952	978	*005	*032	*059	*085	*112	*139	*165	*192	3	5	8	11	13	16	19	21	24
163	21	219	245	272	299	325	352	378	405	431	458	3	5	8	11	13	16	19	21	24
164		484	511	537	564	590	617	643	669	696	722	3	5	8	11	13	16	18	21	24
165		748	775	801	827	854	880	906	932	958	985	3	5	8	10	13	16	18	21	24
166	22	011	037	063	089	115	141	167	194	220	246	3	5	8	10	13	16	18	21	23
167		272	298	324	350	376	401	427	453	479	505	3	5	8	10	13	16	18	21	23
168		531	557	583	608	634	660	686	712	737	763	3	5	8	10	13	15	18	21	23
169		789	814	840	866	891	917	943	968	994	*019	3	5	8	10	13	15	18	20	23
170	23	045	070	096	121	147	172	198	223	249	274	3	5	8	10	13	15	18	20	23
171		300	325	350	376	401	426	452	477	502	528	3	5	8	10	13	15	18	20	23
172		553	578	603	629	654	679	704	729	754	779	3	5	8	10	13	15	18	20	23
173		805	830	855	880	905	930	955	980	*005	*030	3	5	8	10	13	15	18	20	23
174	24	055	080	105	130	155	180	204	229	254	279	2	5	7	10	12	15	17	20	22
175		304	329	353	378	403	428	452	477	502	527	2	5	7	10	12	15	17	20	22
176		551	576	601	625	650	674	699	724	748	773	2	5	7	10	12	15	17	20	22
177		797	822	846	871	895	920	944	969	993	*018	2	5	7	10	12	15	17	20	22
178	25	042	066	091	115	139	164	188	212	237	261	2	5	7	10	12	15	17	19	22
179		285	310	334	358	382	406	431	455	479	503	2	5	7	10	12	15	17	19	22
180		527	551	575	600	624	648	672	696	720	744	2	5	7	10	12	14	17	19	22
181		768	792	816	840	864	888	912	935	959	983	2	5	7	10	12	14	17	19	22
182	26	007	031	055	079	102	126	150	174	198	221	2	5	7	10	12	14	17	19	21
183		245	269	293	316	340	364	387	411	435	458	2	5	7	9	12	14	17	19	21
184		482	505	529	553	576	600	623	647	670	694	2	5	7	9	12	14	16	19	21
185		717	741	764	788	811	834	858	881	905	928	2	5	7	9	12	14	16	19	21
186		951	975	998	*021	*045	*068	*091	*114	*138	*161	2	5	7	9	12	14	16	19	21
187	27	184	207	231	254	277	300	323	346	370	393	2	5	7	9	12	14	16	19	21
188		416	439	462	485	508	531	554	577	600	623	2	5	7	9	12	14	16	18	21
189		646	669	692	715	738	761	784	807	830	852	2	5	7	9	11	14	16	18	21
190		875	898	921	944	967	989	*012	*035	*058	*081	2	5	7	9	11	14	16	18	21
191	28	103	126	149	171	194	217	240	262	285	307	2	5	7	9	11	14	16	18	20
192		330	353	375	398	421	443	466	488	511	533	2	5	7	9	11	14	16	18	20
193		556	578	601	623	646	668	691	713	735	758	2	4	7	9	11	13	16	18	20
194		780	803	825	847	870	892	914	937	959	981	2	4	7	9	11	13	16	18	20
195	29	003	026	048	070	092	115	137	159	181	203	2	4	7	9	11	13	16	18	20
196		226	248	270	292	314	336	358	380	403	425	2	4	7	9	11	13	15	18	20
197		447	469	491	513	535	557	579	601	623	645	2	4	7	9	11	13	15	18	20
198		667	688	710	732	754	776	798	820	842	863	2	4	7	9	11	13	15	17	20
199		885	907	929	951	973	994	*016	*038	*060	*081	2	4	7	9	11	13	15	17	20
200	30	103	125	146	168	190	211	233	255	276	298	2	4	6	9	11	13	15	17	19
N.	L.	0	1	2	3	4	5	6	7	8	9	1	2	3	4	5	6	7	8	9

N.	L.	0	1	2	3	4	5	6	7	8	9	Proportionalteile								
												1	2	3	4	5	6	7	8	9
200	30	103	125	146	168	190	211	233	255	276	298	2	4	6	9	11	13	15	17	19
201		320	341	363	384	406	428	449	471	492	514	2	4	6	9	11	13	15	17	19
202		535	557	578	600	621	643	664	685	707	728	2	4	6	9	11	13	15	17	19
203		750	771	792	814	835	856	878	899	920	942	2	4	6	9	11	13	15	17	19
204		963	984	*006	*027	*048	*069	*091	*112	*133	*154	2	4	6	8	11	13	15	17	19
205	31	175	197	218	239	260	281	302	323	345	366	2	4	6	8	11	13	15	17	19
206		387	408	429	450	471	492	513	534	555	576	2	4	6	8	11	13	15	17	19
207		597	618	639	660	681	702	723	744	765	785	2	4	6	8	10	13	15	17	19
208		806	827	848	869	890	911	931	952	973	994	2	4	6	8	10	13	15	17	19
209	32	015	035	056	077	098	118	139	160	181	201	2	4	6	8	10	12	15	17	19
210		222	243	263	284	305	325	346	366	387	408	2	4	6	8	10	12	14	17	19
211		428	449	469	490	510	531	552	572	593	613	2	4	6	8	10	12	14	16	18
212		634	654	675	695	715	736	756	777	797	818	2	4	6	8	10	12	14	16	18
213		838	858	879	899	919	940	960	980	*001	*021	2	4	6	8	10	12	14	16	18
214	33	041	062	082	102	122	143	163	183	203	224	2	4	6	8	10	12	14	16	18
215		244	264	284	304	325	345	365	385	405	425	2	4	6	8	10	12	14	16	18
216		445	465	486	506	526	546	566	586	606	626	2	4	6	8	10	12	14	16	18
217		646	666	686	706	726	746	766	786	806	826	2	4	6	8	10	12	14	16	18
218		846	866	885	905	925	945	965	985	*005	*025	2	4	6	8	10	12	14	16	18
219	34	044	064	084	104	124	143	163	183	203	223	2	4	6	8	10	12	14	16	18
220		242	262	282	301	321	341	361	380	400	420	2	4	6	8	10	12	14	16	18
221		439	459	479	498	518	537	557	577	596	616	2	4	6	8	10	12	14	16	18
222		635	655	674	694	713	733	753	772	792	811	2	4	6	8	10	12	14	16	18
223		830	850	869	889	908	928	947	967	986	*005	2	4	6	8	10	12	14	16	17
224	35	025	044	064	083	102	122	141	160	180	199	2	4	6	8	10	12	14	15	17
225		218	238	257	276	295	315	334	353	372	392	2	4	6	8	10	12	13	15	17
226		411	430	449	468	488	507	526	545	564	583	2	4	6	8	10	12	13	15	17
227		603	622	641	660	679	698	717	736	755	774	2	4	6	8	10	11	13	15	17
228		793	813	832	851	870	889	908	927	946	965	2	4	6	8	10	11	13	15	17
229		984	*003	*021	*040	*059	*078	*097	*116	*135	*154	2	4	6	8	9	11	13	15	17
230	36	173	192	211	229	248	267	286	305	324	342	2	4	6	8	9	11	13	15	17
231		361	380	399	418	436	455	474	493	511	530	2	4	6	8	9	11	13	15	17
232		549	568	586	605	624	642	661	680	698	717	2	4	6	7	9	11	13	15	17
233		736	754	773	791	810	829	847	866	884	903	2	4	6	7	9	11	13	15	17
234		922	940	959	977	996	*014	*033	*051	*070	*088	2	4	6	7	9	11	13	15	17
235	37	107	125	144	162	181	199	218	236	254	273	2	4	6	7	9	11	13	15	17
236		291	310	328	346	365	383	401	420	438	457	2	4	6	7	9	11	13	15	17
237		475	493	511	530	548	566	585	603	621	639	2	4	5	7	9	11	13	15	16
238		658	676	694	712	731	749	767	785	803	822	2	4	5	7	9	11	13	15	16
239		840	858	876	894	912	931	949	967	985	*003	2	4	5	7	9	11	13	15	16
240	38	021	039	057	075	093	112	130	148	166	184	2	4	5	7	9	11	13	14	16
241		202	220	238	256	274	292	310	328	346	364	2	4	5	7	9	11	13	14	16
242		382	399	417	435	453	471	489	507	525	543	2	4	5	7	9	11	13	14	16
243		561	578	596	614	632	650	668	686	703	721	2	4	5	7	9	11	12	14	16
244		739	757	775	792	810	828	846	863	881	899	2	4	5	7	9	11	12	14	16
245		917	934	952	970	987	*005	*023	*041	*058	*076	2	4	5	7	9	11	12	14	16
246	39	094	111	129	146	164	182	199	217	235	252	2	4	5	7	9	11	12	14	16
247		270	287	305	322	340	358	375	393	410	428	2	4	5	7	9	11	12	14	16
248		445	463	480	498	515	533	550	568	585	602	2	3	5	7	9	10	12	14	16
249		620	637	655	672	690	707	724	742	759	777	2	3	5	7	9	10	12	14	16
250		794	811	829	846	863	881	898	915	933	950	2	3	5	7	9	10	12	14	16
N.	L.	0	1	2	3	4	5	6	7	8	9	1	2	3	4	5	6	7	8	9

N.	L.	0	1	2	3	4	5	6	7	8	9	Proportionalteile								
												1	2	3	4	5	6	7	8	9
250	39	794	811	829	846	863	881	898	915	933	950	2	3	5	7	9	10	12	14	16
251		967	985	*002	*019	*037	*054	*071	*088	*106	*123	2	3	5	7	9	10	12	14	16
252	40	140	157	175	192	209	226	243	261	278	295	2	3	5	7	9	10	12	14	15
253		312	329	346	364	381	398	415	432	449	466	2	3	5	7	9	10	12	14	15
254		483	500	518	535	552	569	586	603	620	637	2	3	5	7	9	10	12	14	15
255		654	671	688	705	722	739	756	773	790	807	2	3	5	7	8	10	12	14	15
256		824	841	858	875	892	909	926	943	960	976	2	3	5	7	8	10	12	14	15
257		993	*010	*027	*044	*061	*078	*095	*111	*128	*145	2	3	5	7	8	10	12	13	15
258	41	162	179	196	212	229	246	263	280	296	313	2	3	5	7	8	10	12	13	15
259		330	347	363	380	397	414	430	447	464	481	2	3	5	7	8	10	12	13	15
260		497	514	531	547	564	581	597	614	631	647	2	3	5	7	8	10	12	13	15
261		664	681	697	714	731	747	764	780	797	814	2	3	5	7	8	10	12	13	15
262		830	847	863	880	896	913	929	946	963	979	2	3	5	7	8	10	12	13	15
263		996	*012	*029	*045	*062	*078	*095	*111	*127	*144	2	3	5	7	8	10	12	13	15
264	42	160	177	193	210	226	243	259	275	292	308	2	3	5	7	8	10	11	13	15
265		325	341	357	374	390	406	423	439	455	472	2	3	5	7	8	10	11	13	15
266		488	504	521	537	553	570	586	602	619	635	2	3	5	7	8	10	11	13	15
267		651	667	684	700	716	732	749	765	781	797	2	3	5	6	8	10	11	13	15
268		813	830	846	862	878	894	911	927	943	959	2	3	5	6	8	10	11	13	15
269		975	991	*008	*024	*040	*056	*072	*088	*104	*120	2	3	5	6	8	10	11	13	15
270	43	136	152	169	185	201	217	233	249	265	281	2	3	5	6	8	10	11	13	14
271		297	313	329	345	361	377	393	409	425	441	2	3	5	6	8	10	11	13	14
272		457	473	489	505	521	537	553	569	584	600	2	3	5	6	8	10	11	13	14
273		616	632	648	664	680	696	712	727	743	759	2	3	5	6	8	10	11	13	14
274		775	791	807	823	838	854	870	886	902	917	2	3	5	6	8	9	11	13	14
275		933	949	965	981	996	*012	*028	*044	*059	*075	2	3	5	6	8	9	11	13	14
276	44	091	107	122	138	154	170	185	201	217	232	2	3	5	6	8	9	11	13	14
277		248	264	279	295	311	326	342	358	373	389	2	3	5	6	8	9	11	13	14
278		404	420	436	451	467	483	498	514	529	545	2	3	5	6	8	9	11	12	14
279		560	576	592	607	623	638	654	669	685	700	2	3	5	6	8	9	11	12	14
280		716	731	747	762	778	793	809	824	840	855	2	3	5	6	8	9	11	12	14
281		871	886	902	917	932	948	963	979	994	*010	2	3	5	6	8	9	11	12	14
282	45	025	040	056	071	086	102	117	133	148	163	2	3	5	6	8	9	11	12	14
283		179	194	209	225	240	255	271	286	301	317	2	3	5	6	8	9	11	12	14
284		332	347	362	378	393	408	423	439	454	469	2	3	5	6	8	9	11	12	14
285		484	500	515	530	545	561	576	591	606	621	2	3	5	6	8	9	11	12	14
286		637	652	667	682	697	712	728	743	758	773	2	3	5	6	8	9	11	12	14
287		788	803	818	834	849	864	879	894	909	924	2	3	5	6	8	9	11	12	14
288		939	954	969	984	*000	*015	*030	*045	*060	*075	2	3	5	6	8	9	11	12	14
289	46	090	105	120	135	150	165	180	195	210	225	2	3	5	6	8	9	11	12	14
290		240	255	270	285	300	315	330	345	359	374	1	3	4	6	7	9	10	12	13
291		389	404	419	434	449	464	479	494	509	523	1	3	4	6	7	9	10	12	13
292		538	553	568	583	598	613	627	642	657	672	1	3	4	6	7	9	10	12	13
293		687	702	716	731	746	761	776	790	805	820	1	3	4	6	7	9	10	12	13
294		835	850	864	879	894	909	923	938	953	967	1	3	4	6	7	9	10	12	13
295		982	997	*012	*026	*041	*056	*070	*085	*100	*114	1	3	4	6	7	9	10	12	13
296	47	129	144	159	173	188	202	217	232	246	261	1	3	4	6	7	9	10	12	13
297		276	290	305	319	334	349	363	378	392	407	1	3	4	6	7	9	10	12	13
298		422	436	451	465	480	494	509	524	538	553	1	3	4	6	7	9	10	12	13
299		567	582	596	611	625	640	654	669	683	698	1	3	4	6	7	9	10	12	13
300		712	727	741	756	770	784	799	813	828	842	1	3	4	6	7	9	10	12	13
N.	L.	0	1	2	3	4	5	6	7	8	9	1	2	3	4	5	6	7	8	9

N.	L. 0	1	2	3	4	5	6	7	8	9		Proportionalteile							
											1	2	3	4	5	6	7	8	9
300	47 712	727	741	756	770	784	799	813	828	842	1	3	4	6	7	9	10	12	13
301	857	871	885	900	914	929	943	958	972	986	1	3	4	6	7	9	10	12	13
302	48 001	015	029	044	058	073	087	101	116	130	1	3	4	6	7	9	10	11	13
303	144	159	173	187	202	216	230	244	259	273	1	3	4	6	7	9	10	11	13
304	287	302	316	330	344	359	373	387	401	416	1	3	4	6	7	9	10	11	13
305	430	444	458	473	487	501	515	530	544	558	1	3	4	6	7	9	10	11	13
306	572	586	601	615	629	643	657	671	686	700	1	3	4	6	7	9	10	11	13
307	714	728	742	756	770	785	799	813	827	841	1	3	4	6	7	8	10	11	13
308	855	869	883	897	911	926	940	954	968	982	1	3	4	6	7	8	10	11	13
309	996	*010	*024	*038	*052	*066	*080	*094	*108	*122	1	3	4	6	7	8	10	11	13
310	49 136	150	164	178	192	206	220	234	248	262	1	3	4	6	7	8	10	11	13
311	276	290	304	318	332	346	360	374	388	402	1	3	4	6	7	8	10	11	13
312	415	429	443	457	471	485	499	513	527	541	1	3	4	6	7	8	10	11	13
313	554	568	582	596	610	624	638	651	665	679	1	3	4	6	7	8	10	11	12
314	693	707	721	734	748	762	776	790	803	817	1	3	4	6	7	8	10	11	12
315	831	845	859	872	886	900	914	927	941	955	1	3	4	6	7	8	10	11	12
316	969	982	996	*010	*024	*037	*051	*065	*079	*092	1	3	4	5	7	8	10	11	12
317	50 106	120	133	147	161	174	188	202	215	229	1	3	4	5	7	8	10	11	12
318	243	256	270	284	297	311	325	338	352	365	1	3	4	5	7	8	10	11	12
319	379	393	406	420	433	447	461	474	488	501	1	3	4	5	7	8	10	11	12
320	515	529	542	556	569	583	596	610	623	637	1	3	4	5	7	8	9	11	12
321	651	664	678	691	705	718	732	745	759	772	1	3	4	5	7	8	9	11	12
322	786	799	813	826	840	853	866	880	893	907	1	3	4	5	7	8	9	11	12
323	920	934	947	961	974	987	*001	*014	*028	*041	1	3	4	5	7	8	9	11	12
324	51 055	068	081	095	108	121	135	148	162	175	1	3	4	5	7	8	9	11	12
325	188	202	215	228	242	255	268	282	295	308	1	3	4	5	7	8	9	11	12
326	322	335	348	362	375	388	402	415	428	441	1	3	4	5	7	8	9	11	12
327	455	468	481	495	508	521	534	548	561	574	1	3	4	5	7	8	9	11	12
328	587	601	614	627	640	654	667	680	693	706	1	3	4	5	7	8	9	11	12
329	720	733	746	759	772	786	799	812	825	838	1	3	4	5	7	8	9	11	12
330	851	865	878	891	904	917	930	943	957	970	1	3	4	5	7	8	9	11	12
331	983	996	*009	*022	*035	*048	*061	*075	*088	*101	1	3	4	5	7	8	9	10	12
332	52 114	127	140	153	166	179	192	205	218	231	1	3	4	5	7	8	9	10	12
333	244	257	270	284	297	310	323	336	349	362	1	3	4	5	7	8	9	10	12
334	375	388	401	414	427	440	453	466	479	492	1	3	4	5	6	8	9	10	12
335	504	517	530	543	556	569	582	595	608	621	1	3	4	5	6	8	9	10	12
336	634	647	660	673	686	699	711	724	737	750	1	3	4	5	6	8	9	10	12
337	763	776	789	802	815	827	840	853	866	879	1	3	4	5	6	8	9	10	12
338	892	905	917	930	943	956	969	982	994	*007	1	3	4	5	6	8	9	10	12
339	53 020	033	046	058	071	084	097	110	122	135	1	3	4	5	6	8	9	10	12
340	148	161	173	186	199	212	224	237	250	263	1	3	4	5	6	8	9	10	11
341	275	288	301	314	326	339	352	364	377	390	1	3	4	5	6	8	9	10	11
342	403	415	428	441	453	466	479	491	504	517	1	3	4	5	6	8	9	10	11
343	529	542	555	567	580	593	605	618	631	643	1	3	4	5	6	8	9	10	11
344	656	668	681	694	706	719	732	744	757	769	1	3	4	5	6	8	9	10	11
345	782	794	807	820	832	845	857	870	882	895	1	3	4	5	6	8	9	10	11
346	908	920	933	945	958	970	983	995	*008	*020	1	3	4	5	6	8	9	10	11
347	54 033	045	058	070	083	095	108	120	133	145	1	2	4	5	6	7	9	10	11
348	158	170	183	195	208	220	233	245	258	270	1	2	4	5	6	7	9	10	11
349	283	295	307	320	332	345	357	370	382	394	1	2	4	5	6	7	9	10	11
350	407	419	432	444	456	469	481	494	506	518	1	2	4	5	6	7	9	10	11
N.	L. 0	1	2	3	4	5	6	7	8	9	1	2	3	4	5	6	7	8	9

N.	L. 0	1	2	3	4	5	6	7	8	9	Proportionalteile								
											1	2	3	4	5	6	7	8	9
350	54 407	419	432	444	456	469	481	494	506	518	1	2	4	5	6	7	9	10	11
351	531	543	555	568	580	593	605	617	630	642	1	2	4	5	6	7	9	10	11
352	654	667	679	691	704	716	728	741	753	765	1	2	4	5	6	7	9	10	11
353	777	790	802	814	827	839	851	864	876	888	1	2	4	5	6	7	9	10	11
354	900	913	925	937	949	962	974	986	998	*011	1	2	4	5	6	7	9	10	11
355	55 023	035	047	060	072	084	096	108	121	133	1	2	4	5	6	7	9	10	11
356	145	157	169	182	194	206	218	230	242	255	1	2	4	5	6	7	9	10	11
357	267	279	291	303	315	328	340	352	364	376	1	2	4	5	6	7	9	10	11
358	388	400	413	425	437	449	461	473	485	497	1	2	4	5	6	7	8	10	11
359	509	522	534	546	558	570	582	594	606	618	1	2	4	5	6	7	8	10	11
360	630	642	654	666	678	691	703	715	727	739	1	2	4	5	6	7	8	10	11
361	751	763	775	787	799	811	823	835	847	859	1	2	4	5	6	7	8	10	11
362	871	883	895	907	919	931	943	955	967	979	1	2	4	5	6	7	8	10	11
363	991	*003	*015	*027	*038	*050	*062	*074	*086	*098	1	2	4	5	6	7	8	10	11
364	56 110	122	134	146	158	170	182	194	205	217	1	2	4	5	6	7	8	10	11
365	229	241	253	265	277	289	301	312	324	336	1	2	4	5	6	7	8	10	11
366	348	360	372	384	396	407	419	431	443	455	1	2	4	5	6	7	8	9	11
367	467	478	490	502	514	526	538	549	561	573	1	2	4	5	6	7	8	9	11
368	585	597	608	620	632	644	656	667	679	691	1	2	4	5	6	7	8	9	11
369	703	714	726	738	750	761	773	785	797	808	1	2	4	5	6	7	8	9	11
370	820	832	844	855	867	879	891	902	914	926	1	2	4	5	6	7	8	9	11
371	937	949	961	972	984	996	*008	*019	*031	*043	1	2	4	5	6	7	8	9	11
372	57 054	066	078	089	101	113	124	136	148	159	1	2	3	5	6	7	8	9	10
373	171	183	194	206	217	229	241	252	264	276	1	2	3	5	6	7	8	9	10
374	287	299	310	322	334	345	357	368	380	392	1	2	3	5	6	7	8	9	10
375	403	415	426	438	449	461	473	484	496	507	1	2	3	5	6	7	8	9	10
376	519	530	542	553	565	576	588	600	611	623	1	2	3	5	6	7	8	9	10
377	634	646	657	669	680	692	703	715	726	738	1	2	3	5	6	7	8	9	10
378	749	761	772	784	795	807	818	830	841	852	1	2	3	5	6	7	8	9	10
379	864	875	887	898	910	921	933	944	955	967	1	2	3	5	6	7	8	9	10
380	978	990	*001	*013	*024	*035	*047	*058	*070	*081	1	2	3	5	6	7	8	9	10
381	58 092	104	115	127	138	149	161	172	184	195	1	2	3	5	6	7	8	9	10
382	206	218	229	240	252	263	274	286	297	309	1	2	3	5	6	7	8	9	10
383	320	331	343	354	365	377	388	399	410	422	1	2	3	5	6	7	8	9	10
384	433	444	456	467	478	490	501	512	524	535	1	2	3	5	6	7	8	9	10
385	546	557	569	580	591	602	614	625	636	647	1	2	3	5	6	7	8	9	10
386	659	670	681	692	704	715	726	737	749	760	1	2	3	4	6	7	8	9	10
387	771	782	794	805	816	827	838	850	861	872	1	2	3	4	6	7	8	9	10
388	883	894	906	917	928	939	950	961	973	984	1	2	3	4	6	7	8	9	10
389	995	*006	*017	*028	*040	*051	*062	*073	*084	*095	1	2	3	4	6	7	8	9	10
390	59 106	118	129	140	151	162	173	184	195	207	1	2	3	4	6	7	8	9	10
391	218	229	240	251	262	273	284	295	306	318	1	2	3	4	6	7	8	9	10
392	329	340	351	362	373	384	395	406	417	428	1	2	3	4	6	7	8	9	10
393	439	450	461	472	483	494	506	517	528	539	1	2	3	4	6	7	8	9	10
394	550	561	572	583	594	605	616	627	638	649	1	2	3	4	6	7	8	9	10
395	660	671	682	693	704	715	726	737	748	759	1	2	3	4	5	7	8	9	10
396	770	780	791	802	813	824	835	846	857	868	1	2	3	4	5	7	8	9	10
397	879	890	901	912	923	934	945	956	966	977	1	2	3	4	5	7	8	9	10
398	988	999	*010	*021	*032	*043	*054	*065	*076	*086	1	2	3	4	5	7	8	9	10
399	60 097	108	119	130	141	152	163	173	184	195	1	2	3	4	5	7	8	9	10
400	206	217	228	239	249	260	271	282	293	304	1	2	3	4	5	7	8	9	10

N.	L. 0	1	2	3	4	5	6	7	8	9	1	2	3	4	5	6	7	8	9

N.	L.	0	1	2	3	4	5	6	7	8	9	Proportionalteile								
												1	2	3	4	5	6	7	8	9
400	60	206	217	228	239	249	260	271	282	293	304	1	2	3	4	5	7	8	9	10
401		314	325	336	347	358	369	379	390	401	412	1	2	3	4	5	6	8	9	10
402		423	433	444	455	466	477	487	498	509	520	1	2	3	4	5	6	8	9	10
403		531	541	552	563	574	584	595	606	617	627	1	2	3	4	5	6	8	9	10
404		638	649	660	670	681	692	703	713	724	735	1	2	3	4	5	6	8	9	10
405		746	756	767	778	788	799	810	821	831	842	1	2	3	4	5	6	7	9	10
406		853	863	874	885	895	906	917	927	938	949	1	2	3	4	5	6	7	9	10
407		959	970	981	991	*002	*013	*023	*034	*045	*055	1	2	3	4	5	6	7	9	10
408	61	066	077	087	098	109	119	130	140	151	162	1	2	3	4	5	6	7	9	10
409		172	183	194	204	215	225	236	247	257	268	1	2	3	4	5	6	7	8	10
410		278	289	300	310	321	331	342	352	363	374	1	2	3	4	5	6	7	8	10
411		384	395	405	416	426	437	448	458	469	479	1	2	3	4	5	6	7	8	9
412		490	500	511	521	532	542	553	563	574	584	1	2	3	4	5	6	7	8	9
413		595	606	616	627	637	648	658	669	679	690	1	2	3	4	5	6	7	8	9
414		700	711	721	731	742	752	763	773	784	794	1	2	3	4	5	6	7	8	9
415		805	815	826	836	847	857	868	878	888	899	1	2	3	4	5	6	7	8	9
416		909	920	930	941	951	962	972	982	993	*003	1	2	3	4	5	6	7	8	9
417	62	014	024	034	045	055	066	076	086	097	107	1	2	3	4	5	6	7	8	9
418		118	128	138	149	159	170	180	190	201	211	1	2	3	4	5	6	7	8	9
419		221	232	242	252	263	273	284	294	304	315	1	2	3	4	5	6	7	8	9
420		325	335	346	356	366	377	387	397	408	418	1	2	3	4	5	6	7	8	9
421		428	439	449	459	469	480	490	500	511	521	1	2	3	4	5	6	7	8	9
422		531	542	552	562	572	583	593	603	613	624	1	2	3	4	5	6	7	8	9
423		634	644	655	665	675	685	696	706	716	726	1	2	3	4	5	6	7	8	9
424		737	747	757	767	778	788	798	808	818	829	1	2	3	4	5	6	7	8	9
425		839	849	859	870	880	890	900	910	921	931	1	2	3	4	5	6	7	8	9
426		941	951	961	972	982	992	*002	*012	*022	*033	1	2	3	4	5	6	7	8	9
427	63	043	053	063	073	083	094	104	114	124	134	1	2	3	4	5	6	7	8	9
428		144	155	165	175	185	195	205	215	225	236	1	2	3	4	5	6	7	8	9
429		246	256	266	276	286	296	306	317	327	337	1	2	3	4	5	6	7	8	9
430		347	357	367	377	387	397	407	417	428	438	1	2	3	4	5	6	7	8	9
431		448	458	468	478	488	498	508	518	528	538	1	2	3	4	5	6	7	8	9
432		548	558	568	579	589	599	609	619	629	639	1	2	3	4	5	6	7	8	9
433		649	659	669	679	689	699	709	719	729	739	1	2	3	4	5	6	7	8	9
434		749	759	769	779	789	799	809	819	829	839	1	2	3	4	5	6	7	8	9
435		849	859	869	879	889	899	909	919	929	939	1	2	3	4	5	6	7	8	9
436		949	959	969	979	988	998	*008	*018	*028	*038	1	2	3	4	5	6	7	8	9
437	64	048	058	068	078	088	098	108	118	128	137	1	2	3	4	5	6	7	8	9
438		147	157	167	177	187	197	207	217	227	237	1	2	3	4	5	6	7	8	9
439		246	256	266	276	286	296	306	316	326	335	1	2	3	4	5	6	7	8	9
440		345	355	365	375	385	395	404	414	424	434	1	2	3	4	5	6	7	8	9
441		444	454	464	473	483	493	503	513	523	532	1	2	3	4	5	6	7	8	9
442		542	552	562	572	582	591	601	611	621	631	1	2	3	4	5	6	7	8	9
443		640	650	660	670	680	689	699	709	719	729	1	2	3	4	5	6	7	8	9
444		738	748	758	768	777	787	797	807	816	826	1	2	3	4	5	6	7	8	9
445		836	846	856	865	875	885	895	904	914	924	1	2	3	4	5	6	7	8	9
446		933	943	953	963	972	982	992	*002	*011	*021	1	2	3	4	5	6	7	8	9
447	65	031	040	050	060	070	079	089	099	108	118	1	2	3	4	5	6	7	8	9
448		128	137	147	157	167	176	186	196	205	215	1	2	3	4	5	6	7	8	9
449		225	234	244	254	263	273	283	292	302	312	1	2	3	4	5	6	7	8	9
450		321	331	341	350	360	369	379	389	398	408	1	2	3	4	5	6	7	8	9
N.	L.	0	1	2	3	4	5	6	7	8	9	1	2	3	4	5	6	7	8	9

N.	L.	0	1	2	3	4	5	6	7	8	9	Proportionalteile								
												1	2	3	4	5	6	7	8	9
450	65	321	331	341	350	360	369	379	389	398	408	1	2	3	4	5	6	7	8	9
451		418	427	437	447	456	466	475	485	495	504	1	2	3	4	5	6	7	8	9
452		514	523	533	543	552	562	571	581	591	600	1	2	3	4	5	6	7	8	9
453		610	619	629	639	648	658	667	677	686	696	1	2	3	4	5	6	7	8	9
454		706	715	725	734	744	753	763	772	782	792	1	2	3	4	5	6	7	8	9
455		801	811	820	830	839	849	858	868	877	887	1	2	3	4	5	6	7	8	9
456		896	906	916	925	935	944	954	963	973	982	1	2	3	4	5	6	7	8	9
457		992	*001	*011	*020	*030	*039	*049	*058	*068	*077	1	2	3	4	5	6	7	8	9
458	66	087	096	106	115	124	134	143	153	162	172	1	2	3	4	5	6	7	8	9
459		181	191	200	210	219	229	238	247	257	266	1	2	3	4	5	6	7	8	9
460		276	285	295	304	314	323	332	342	351	361	1	2	3	4	5	6	7	8	8
461		370	380	389	398	408	417	427	436	445	455	1	2	3	4	5	6	7	8	8
462		464	474	483	492	502	511	521	530	539	549	1	2	3	4	5	6	7	8	8
463		558	567	577	586	596	605	614	624	633	642	1	2	3	4	5	6	7	7	8
464		652	661	671	680	689	699	708	717	727	736	1	2	3	4	5	6	7	7	8
465		745	755	764	773	783	792	801	811	820	829	1	2	3	4	5	6	7	7	8
466		839	848	857	867	876	885	894	904	913	922	1	2	3	4	5	6	7	7	8
467		932	941	950	960	969	978	987	997	*006	*015	1	2	3	4	5	6	7	7	8
468	67	025	034	043	052	062	071	080	089	099	108	1	2	3	4	5	6	6	7	8
469		117	127	136	145	154	164	173	182	191	201	1	2	3	4	5	6	6	7	8
470		210	219	228	237	247	256	265	274	284	293	1	2	3	4	5	6	6	7	8
471		302	311	321	330	339	348	357	367	376	385	1	2	3	4	5	6	6	7	8
472		394	403	413	422	431	440	449	459	468	477	1	2	3	4	5	6	6	7	8
473		486	495	504	514	523	532	541	550	560	569	1	2	3	4	5	6	6	7	8
474		578	587	596	605	614	624	633	642	651	660	1	2	3	4	5	5	6	7	8
475		669	679	688	697	706	715	724	733	742	752	1	2	3	4	5	5	6	7	8
476		761	770	779	788	797	806	815	825	834	843	1	2	3	4	5	5	6	7	8
477		852	861	870	879	888	897	906	916	925	934	1	2	3	4	5	5	6	7	8
478		943	952	961	970	979	988	997	*006	*015	*024	1	2	3	4	5	5	6	7	8
479	68	034	043	052	061	070	079	088	097	106	115	1	2	3	4	5	5	6	7	8
480		124	133	142	151	160	169	178	187	196	205	1	2	3	4	5	5	6	7	8
481		215	224	233	242	251	260	269	278	287	296	1	2	3	4	5	5	6	7	8
482		305	314	323	332	341	350	359	368	377	386	1	2	3	4	5	5	6	7	8
483		395	404	413	422	431	440	449	458	467	476	1	2	3	4	4	5	6	7	8
484		485	494	502	511	520	529	538	547	556	565	1	2	3	4	4	5	6	7	8
485		574	583	592	601	610	619	628	637	646	655	1	2	3	4	4	5	6	7	8
486		664	673	681	690	699	708	717	726	735	744	1	2	3	4	4	5	6	7	8
487		753	762	771	780	789	797	806	815	824	833	1	2	3	4	4	5	6	7	8
488		842	851	860	869	878	886	895	904	913	922	1	2	3	4	4	5	6	7	8
489		931	940	949	958	966	975	984	993	*002	*011	1	2	3	4	4	5	6	7	8
490	69	020	028	037	046	055	064	073	082	090	099	1	2	3	4	4	5	6	7	8
491		108	117	126	135	144	152	161	170	179	188	1	2	3	4	4	5	6	7	8
492		197	205	214	223	232	241	249	258	267	.276	1	2	3	4	4	5	6	7	8
493		285	294	302	311	320	329	338	346	355	364	1	2	3	4	4	5	6	7	8
494		373	381	390	399	408	417	425	434	443	452	1	2	3	4	4	5	6	7	8
495		461	469	478	487	496	504	513	522	531	539	1	2	3	4	4	5	6	7	8
496		548	557	566	574	583	592	601	609	618	627	1	2	3	3	4	5	6	7	8
497		636	644	653	662	671	679	688	697	705	714	1	2	3	3	4	5	6	7	8
498		723	732	740	749	758	767	775	784	793	801	1	2	3	3	4	5	6	7	8
499		810	819	827	836	845	854	862	871	880	888	1	2	3	3	4	5	6	7	8
500		897	906	914	923	932	940	949	958	966	975	1	2	3	3	4	5	6	7	8
N.	L.	0	1	2	3	4	5	6	7	8	9	1	2	3	4	5	6	7	8	9

N.	L.	0	1	2	3	4	5	6	7	8	9	Proportionalteile								
												1	2	3	4	5	6	7	8	9
500	69	897	906	914	923	932	940	949	958	966	975	1	2	3	3	4	5	6	7	8
501		984	992	*001	*010	*018	*027	*036	*044	*053	*062	1	2	3	3	4	5	6	7	8
502	70	070	079	088	096	105	114	122	131	140	148	1	2	3	3	4	5	6	7	8
503		157	165	174	183	191	200	209	217	226	234	1	2	3	3	4	5	6	7	8
504		243	252	260	269	278	286	295	303	312	321	1	2	3	3	4	5	6	7	8
505		329	338	346	355	364	372	381	389	398	406	1	2	3	3	4	5	6	7	8
506		415	424	432	441	449	458	467	475	484	492	1	2	3	3	4	5	6	7	8
507		501	509	518	526	535	544	552	561	569	578	1	2	3	3	4	5	6	7	8
508		586	595	603	612	621	629	638	646	655	663	1	2	3	3	4	5	6	7	8
509		672	680	689	697	706	714	723	731	740	749	1	2	3	3	4	5	6	7	8
510		757	766	774	783	791	800	808	817	825	834	1	2	3	3	4	5	6	7	8
511		842	851	859	868	876	885	893	902	910	919	1	2	3	3	4	5	6	7	8
512		927	935	944	952	961	969	978	986	995	*003	1	2	3	3	4	5	6	7	8
513	71	012	020	029	037	046	054	063	071	079	088	1	2	3	3	4	5	6	7	8
514		096	105	113	122	130	139	147	155	164	172	1	2	3	3	4	5	6	7	8
515		181	189	198	206	214	223	231	240	248	257	1	2	3	3	4	5	6	7	8
516		265	273	282	290	299	307	315	324	332	341	1	2	3	3	4	5	6	7	8
517		349	357	366	374	383	391	399	408	416	425	1	2	3	3	4	5	6	7	8
518		433	441	450	458	466	475	483	492	500	508	1	2	3	3	4	5	6	7	8
519		517	525	533	542	550	559	567	575	584	592	1	2	3	3	4	5	6	7	8
520		600	609	617	625	634	642	650	659	667	675	1	2	3	3	4	5	6	7	8
521		684	692	700	709	717	725	734	742	750	759	1	2	2	3	4	5	6	7	7
522		767	775	784	792	800	809	817	825	834	842	1	2	2	3	4	5	6	7	7
523		850	858	867	875	883	892	900	908	917	925	1	2	2	3	4	5	6	7	7
524		933	941	950	958	966	975	983	991	999	*008	1	2	2	3	4	5	6	7	7
525	72	016	024	032	041	049	057	066	074	082	090	1	2	2	3	4	5	6	7	7
526		099	107	115	123	132	140	148	156	165	173	1	2	2	3	4	5	6	7	7
527		181	189	198	206	214	222	230	239	247	255	1	2	2	3	4	5	6	7	7
528		263	272	280	288	296	304	313	321	329	337	1	2	2	3	4	5	6	7	7
529		346	354	362	370	378	387	395	403	411	419	1	2	2	3	4	5	6	7	7
530		428	436	444	452	460	469	477	485	493	501	1	2	2	3	4	5	6	7	7
531		509	518	526	534	542	550	558	567	575	583	1	2	2	3	4	5	6	7	7
532		591	599	607	616	624	632	640	648	656	665	1	2	2	3	4	5	6	7	7
533		673	681	689	697	705	713	722	730	738	746	1	2	2	3	4	5	6	7	7
534		754	762	770	779	787	795	803	811	819	827	1	2	2	3	4	5	6	7	7
535		835	843	852	860	868	876	884	892	900	908	1	2	2	3	4	5	6	6	7
536		916	925	933	941	949	957	965	973	981	989	1	2	2	3	4	5	6	6	7
537		997	*006	*014	*022	*030	*038	*046	*054	*062	*070	1	2	2	3	4	5	6	6	7
538	73	078	086	094	102	111	119	127	135	143	151	1	2	2	3	4	5	6	6	7
539		159	167	175	183	191	199	207	215	223	231	1	2	2	3	4	5	6	6	7
540.		239	247	255	263	272	280	288	296	304	312	1	2	2	3	4	5	6	6	7
541		320	328	336	344	352	360	368	376	384	392	1	2	2	3	4	5	6	6	7
542		400	408	416	424	432	440	448	456	464	472	1	2	2	3	4	5	6	6	7
543		480	488	496	504	512	520	528	536	544	552	1	2	2	3	4	5	6	6	7
544		560	568	576	584	592	600	608	616	624	632	1	2	2	3	4	5	6	6	7
545		640	648	656	664	672	679	687	695	703	711	1	2	2	3	4	5	6	6	7
546		719	727	735	743	751	759	767	775	783	791	1	2	2	3	4	5	6	6	7
547		799	807	815	823	830	838	846	854	862	870	1	2	2	3	4	5	6	6	7
548		878	886	894	902	910	918	926	933	941	949	1	2	2	3	4	5	6	6	7
549		957	965	973	981	989	997	*005	*013	*020	*028	1	2	2	3	4	5	6	6	7
550	74	036	044	052	060	068	076	084	092	099	107	1	2	2	3	4	5	6	6	7
N.	L.	0	1	2	3	4	5	6	7	8	9	1	2	3	4	5	6	7	8	9

N.	L.	0	1	2	3	4	5	6	7	8	9	Proportionalteile								
												1	2	3	4	5	6	7	8	9
550	74	036	044	052	060	068	076	084	092	099	107	1	2	2	3	4	5	6	6	7
551		115	123	131	139	147	155	162	170	178	186	1	2	2	3	4	5	6	6	7
552		194	202	210	218	225	233	241	249	257	265	1	2	2	3	4	5	6	6	7
553		273	280	288	296	304	312	320	327	335	343	1	2	2	3	4	5	5	6	7
554		351	359	367	374	382	390	398	406	414	421	1	2	2	3	4	5	5	6	7
555		429	437	445	453	461	468	476	484	492	500	1	2	2	3	4	5	5	6	7
556		507	515	523	531	539	547	554	562	570	578	1	2	2	3	4	5	5	6	7
557		586	593	601	609	617	624	632	640	648	656	1	2	2	3	4	5	5	6	7
558		663	671	679	687	695	702	710	718	726	733	1	2	2	3	4	5	5	6	7
559		741	749	757	764	772	780	788	796	803	811	1	2	2	3	4	5	5	6	7
560		819	827	834	842	850	858	865	873	881	889	1	2	2	3	4	5	5	6	7
561		896	904	912	920	927	935	943	950	958	966	1	2	2	3	4	5	5	6	7
562		974	981	989	997	*005	*012	*020	*028	*035	*043	1	2	2	3	4	5	5	6	7
563	75	051	059	066	074	082	089	097	105	113	120	1	2	2	3	4	5	5	6	7
564		128	136	143	151	159	166	174	182	189	197	1	2	2	3	4	5	5	6	7
565		205	213	220	228	236	243	251	259	266	274	1	2	2	3	4	5	5	6	7
566		282	289	297	305	312	320	328	335	343	351	1	2	2	3	4	5	5	6	7
567		358	366	374	381	389	397	404	412	420	427	1	2	2	3	4	5	5	6	7
568		435	442	450	458	465	473	481	488	496	504	1	2	2	3	4	5	5	6	7
569		511	519	526	534	542	549	557	565	572	580	1	2	2	3	4	5	5	6	7
570		587	595	603	610	618	626	633	641	648	656	1	2	2	3	4	5	5	6	7
571		664	671	679	686	694	702	709	717	724	732	1	2	2	3	4	5	5	6	7
572		740	747	755	762	770	778	785	793	800	808	1	2	2	3	4	5	5	6	7
573		815	823	831	838	846	853	861	868	876	884	1	2	2	3	4	5	5	6	7
574		891	899	906	914	921	929	937	944	952	959	1	2	2	3	4	5	5	6	7
575		967	974	982	989	997	*005	*012	*020	*027	*035	1	2	2	3	4	5	5	6	7
576	76	042	050	057	065	072	080	087	095	103	110	1	2	2	3	4	5	5	6	7
577		118	125	133	140	148	155	163	170	178	185	1	2	2	3	4	5	5	6	7
578		193	200	208	215	223	230	238	245	253	260	1	2	2	3	4	5	5	6	7
579		268	275	283	290	298	305	313	320	328	335	1	1	2	3	4	4	5	6	7
580		343	350	358	365	373	380	388	395	403	410	1	1	2	3	4	4	5	6	7
581		418	425	433	440	448	455	462	470	477	485	1	1	2	3	4	4	5	6	7
582		492	500	507	515	522	530	537	545	552	559	1	1	2	3	4	4	5	6	7
583		567	574	582	589	597	604	612	619	626	634	1	1	2	3	4	4	5	6	7
584		641	649	656	664	671	678	686	693	701	708	1	1	2	3	4	4	5	6	7
585		716	723	730	738	745	753	760	768	775	782	1	1	2	3	4	4	5	6	7
586		790	797	805	812	819	827	834	842	849	856	1	1	2	3	4	4	5	6	7
587		864	871	879	886	893	901	908	916	923	930	1	1	2	3	4	4	5	6	7
588		938	945	953	960	967	975	982	989	997	*004	1	1	2	3	4	4	5	6	7
589	77	012	019	026	034	041	048	056	063	070	078	1	1	2	3	4	4	5	6	7
590		085	093	100	107	115	122	129	137	144	151	1	1	2	3	4	4	5	6	7
591		159	166	173	181	188	195	203	210	217	225	1	1	2	3	4	4	5	6	7
592		232	240	247	254	262	269	276	283	291	298	1	1	2	3	4	4	5	6	7
593		305	313	320	327	335	342	349	357	364	371	1	1	2	3	4	4	5	6	7
594		379	386	393	401	408	415	422	430	437	444	1	1	2	3	4	4	5	6	7
595		452	459	466	474	481	488	495	503	510	517	1	1	2	3	4	4	5	6	7
596		525	532	539	546	554	561	568	576	583	590	1	1	2	3	4	4	5	6	7
597		597	605	612	619	627	634	641	648	656	663	1	1	2	3	4	4	5	6	7
598		670	677	685	692	699	706	714	721	728	735	1	1	2	3	4	4	5	6	7
599		743	750	757	764	772	779	786	793	801	808	1	1	2	3	4	4	5	6	7
600		815	822	830	837	844	851	859	866	873	880	1	1	2	3	4	4	5	6	7
N.	L.	0	1	2	3	4	5	6	7	8	9	1	2	3	4	5	6	7	8	9

N.	L. 0	1	2	3	4	5	6	7	8	9	Proportionalteile								
											1	2	3	4	5	6	7	8	9
600	77 815	822	830	837	844	851	859	866	873	880	1	1	2	3	4	4	5	6	7
601	887	895	902	909	916	924	931	938	945	952	1	1	2	3	4	4	5	6	6
602	960	967	974	981	988	996	*003	*010	*017	*025	1	1	2	3	4	4	5	6	6
603	78 032	039	046	053	061	068	075	082	089	097	1	1	2	3	4	4	5	6	6
604	104	111	118	125	132	140	147	154	161	168	1	1	2	3	4	4	5	6	6
605	176	183	190	197	204	211	219	226	233	240	1	1	2	3	4	4	5	6	6
606	247	254	262	269	276	283	290	297	305	312	1	1	2	3	4	4	5	6	6
607	319	326	333	340	347	355	362	369	376	383	1	1	2	3	4	4	5	6	6
608	390	398	405	412	419	426	433	440	447	455	1	1	2	3	4	4	5	6	6
609	462	469	476	483	490	497	504	512	519	526	1	1	2	3	4	4	5	6	6
610	533	540	547	554	561	569	576	583	590	597	1	1	2	3	4	4	5	6	6
611	604	611	618	625	633	640	647	654	661	668	1	1	2	3	4	4	5	6	6
612	675	682	689	696	704	711	718	725	732	739	1	1	2	3	4	4	5	6	6
613	746	753	760	767	774	781	789	796	803	810	1	1	2	3	4	4	5	6	6
614	817	824	831	838	845	852	859	866	873	880	1	1	2	3	4	4	5	6	6
615	888	895	902	909	916	923	930	937	944	951	1	1	2	3	4	4	5	6	6
616	958	965	972	979	986	993	*000	*007	*014	*021	1	1	2	3	4	4	5	6	6
617	79 029	036	043	050	057	064	071	078	085	092	1	1	2	3	4	4	5	6	6
618	099	106	113	120	127	134	141	148	155	162	1	1	2	3	4	4	5	6	6
619	169	176	183	190	197	204	211	218	225	232	1	1	2	3	4	4	5	6	6
620	239	246	253	260	267	274	281	288	295	302	1	1	2	3	3	4	5	6	6
621	309	316	323	330	337	344	351	358	365	372	1	1	2	3	3	4	5	6	6
622	379	386	393	400	407	414	421	428	435	442	1	1	2	3	3	4	5	6	6
623	449	456	463	470	477	484	491	498	505	511	1	1	2	3	3	4	5	6	6
624	518	525	532	539	546	553	560	567	574	581	1	1	2	3	3	4	5	6	6
625	588	595	602	609	616	623	630	637	644	650	1	1	2	3	3	4	5	6	6
626	657	664	671	678	685	692	699	706	713	720	1	1	2	3	3	4	5	6	6
627	727	734	741	748	754	761	768	775	782	789	1	1	2	3	3	4	5	6	6
628	796	803	810	817	824	831	837	844	851	858	1	1	2	3	3	4	5	6	6
629	865	872	879	886	893	900	906	913	920	927	1	1	2	3	3	4	5	6	6
630	934	941	948	955	962	969	975	982	989	996	1	1	2	3	3	4	5	6	6
631	80 003	010	017	024	030	037	044	051	058	065	1	1	2	3	3	4	5	6	6
632	072	079	085	092	099	106	113	120	127	134	1	1	2	3	3	4	5	5	6
633	140	147	154	161	168	175	182	188	195	202	1	1	2	3	3	4	5	5	6
634	209	216	223	229	236	243	250	257	264	271	1	1	2	3	3	4	5	5	6
635	277	284	291	298	305	312	318	325	332	339	1	1	2	3	3	4	5	5	6
636	346	353	359	366	373	380	387	393	400	407	1	1	2	3	3	4	5	5	6
637	414	421	428	434	441	448	455	462	468	475	1	1	2	3	3	4	5	5	6
638	482	489	496	502	509	516	523	530	536	543	1	1	2	3	3	4	5	5	6
639	550	557	564	570	577	584	591	598	604	611	1	1	2	3	3	4	5	5	6
640	618	625	632	638	645	652	659	665	672	679	1	1	2	3	3	4	5	5	6
641	686	693	699	706	713	720	726	733	740	747	1	1	2	3	3	4	5	5	6
642	754	760	767	774	781	787	794	801	808	814	1	1	2	3	3	4	5	5	6
643	821	828	835	841	848	855	862	868	875	882	1	1	2	3	3	4	5	5	6
644	889	895	902	909	916	922	929	936	943	949	1	1	2	3	3	4	5	5	6
645	956	963	969	976	983	990	996	*003	*010	*017	1	1	2	3	3	4	5	5	6
646	81 023	030	037	043	050	057	064	070	077	084	1	1	2	3	3	4	5	5	6
647	090	097	104	111	117	124	131	137	144	151	1	1	2	3	3	4	5	5	6
648	158	164	171	178	184	191	198	204	211	218	1	1	2	3	3	4	5	5	6
649	224	231	238	245	251	258	265	271	278	285	1	1	2	3	3	4	5	5	6
650	291	298	305	311	318	325	331	338	345	351	1	1	2	3	3	4	5	5	6
N.	L. 0	1	2	3	4	5	6	7	8	9	1	2	3	4	5	6	7	8	9

N.	L.	0	1	2	3	4	5	6	7	8	9	Proportionalteile								
												1	2	3	4	5	6	7	8	9
650	81 291	298	305	311	318	325	331	338	345	351	1	1	2	3	3	4	5	5	6
651	358	365	371	378	385	391	398	405	411	418	1	1	2	3	3	4	5	5	6
652	425	431	438	445	451	458	465	471	478	485	1	1	2	3	3	4	5	5	6
653	491	498	505	511	518	525	531	538	544	551	1	1	2	3	3	4	5	5	6
654	558	564	571	578	584	591	598	604	611	617	1	1	2	3	3	4	5	5	6
655	624	631	637	644	651	657	664	671	677	684	1	1	2	3	3	4	5	5	6
656	690	697	704	710	717	723	730	737	743	750	1	1	2	3	3	4	5	5	6
657	757	763	770	776	783	790	796	803	809	816	1	1	2	3	3	4	5	5	6
658	823	829	836	842	849	856	862	869	875	882	1	1	2	3	3	4	5	5	6
659	889	895	902	908	915	921	928	935	941	948	1	1	2	3	3	4	5	5	6
660	954	961	968	974	981	987	994	*000	*007	*014	1	1	2	3	3	4	5	5	6
661	82 020	027	033	040	046	053	060	066	073	079	1	1	2	3	3	4	5	5	6
662	086	092	099	105	112	119	125	132	138	145	1	1	2	3	3	4	5	5	6
663	151	158	164	171	178	184	191	197	204	210	1	1	2	3	3	4	5	5	6
664	217	223	230	236	243	249	256	263	269	276	1	1	2	3	3	4	5	5	6
665	282	289	295	302	308	315	321	328	334	341	1	1	2	3	3	4.	5	5	6
666	347	354	360	367	373	380	387	393	400	406	1	1	2	3	3	4	5	5	6
667	413	419	426	432	439	445	452	458	465	471	1	1	2	3	3	4	5	5	6
668	478	484	491	497	504	510	517	523	530	536	1	1	2	3	3	4	5	5	6
669	543	549	556	562	569	575	582	588	595	601	1	1	2	3	3	4	5	5	6
670	607	614	620	627	633	640	646	653	659	666	1	1	2	3	3	4	5	5	6
671	672	679	685	692	698	705	711	718	724	730	1	1	2	3	3	4	5	5	6
672	737	743	750	756	763	769	776	782	789	795	1	1	2	3	3	4	5	5	6
673	802	808	814	821	827	834	840	847	853	860	1	1	2	3	3	4	5	5	6
674	866	872	879	885	892	898	905	911	918	924	1	1	2	3	3	4	5	5	6
675	930	937	943	950	956	963	969	975	982	988	1	1	2	3	3	4	5	5	6
676	995	*001	*008	*014	*020	*027	*033	*040	*046	*052	1	1	2	3	3	4	4	5	6
677	83 059	065	072	078	085	091	097	104	110	117	1	1	2	3	3	4	4	5	6
678	123	129	136	142	149	155	161	168	174	181	1	1	2	3	3	4	4	5	6
679	187	193	200	206	213	219	225	232	238	245	1	1	2	3	3	4	4	5	6
680	251	257	264	270	276	283	289	296	302	308	1	1	2	3	3	4	4	5	6
681	315	321	327	334	340	347	353	359	366	372	1	1	2	3	3	4	4	5	6
682	378	385	391	398	404	410	417	423	429	436	1	1	2	3	3	4	4	5	6
683	442	448	455	461	467	474	480	487	493	499	1	1	2	3	3	4	4	5	6
684	506	512	518	525	531	537	544	550	556	563	1	1	2	3	3	4	4	5	6
685	569	575	582	588	594	601	607	613	620	626	1	1	2	3	3	4	4	5	6
686	632	639	645	651	658	664	670	677	683	689	1	1	2	3	3	4	4	5	6
687	696	702	708	715	721	727	734	740	746	753	1	1	2	3	3	4	4	5	6
688	759	765	771	778	784	790	797	803	809	816	1	1	2	3	3	4	4	5	6
689	822	828	835	841	847	853	860	866	872	879	1	1	2	3	3	4	4	5	6
690	885	891	897	904	910	916	923	929	935	942	1	1	2	3	3	4	4	5	6
691	948	954	960	967	973	979	985	992	998	*004	1	1	2	3	3	4	4	5	6
692	84 011	017	023	029	036	042	048	055	061	067	1	1	2	3	3	4	4	5	6
693	073	080	086	092	098	105	111	117	123	130	1	1	2	3	3	4	4	5	6
694	136	142	148	155	161	167	173	180	186	192	1	1	2	3	3	4	4	5	6
695	198	205	211	217	223	230	236	242	248	255	1	1	2	2	3	4	4	5	6
696	261	267	273	280	286	292	298	305	311	317	1	1	2	2	3	4	4	5	6
697	323	330	336	342	348	354	361	367	373	379	1	1	2	2	3	4	4	5	6
698	386	392	398	404	410	417	423	429	435	442	1	1	2	2	3	4	4	5	6
699	448	454	460	466	473	479	485	491	497	504	1	1	2	2	3	4	4	5	6
700	510	516	522	528	535	541	547	553	559	566	1	1	2	2	3	4	4	5	6
N.	L. 0	1	2	3	4	5	6	7	8	9	1	2	3	4	5	6	7	8	9

N.	L. 0	1	2	3	4	5	6	7	8	9	1	2	3	4	5	6	7	8	9
700	84 510	516	522	528	535	541	547	553	559	566	1	1	2	2	3	4	4	5	6
701	572	578	584	590	597	603	609	615	621	628	1	1	2	2	3	4	4	5	6
702	634	640	646	652	658	665	671	677	683	689	1	1	2	2	3	4	4	5	6
703	696	702	708	714	720	726	733	739	745	751	1	1	2	2	3	4	4	5	6
704	757	763	770	776	782	788	794	800	807	813	1	1	2	2	3	4	4	5	6
705	819	825	831	837	844	850	856	862	868	874	1	1	2	2	3	4	4	5	6
706	880	887	893	899	905	911	917	924	930	936	1	1	2	2	3	4	4	5	6
707	942	948	954	960	967	973	979	985	991	997	1	1	2	2	3	4	4	5	6
708	85 003	009	016	022	028	034	040	046	052	058	1	1	2	2	3	4	4	5	6
709	065	071	077	083	089	095	101	107	114	120	1	1	2	2	3	4	4	5	6
710	126	132	138	144	150	156	163	169	175	181	1	1	2	2	3	4	4	5	6
711	187	193	199	205	211	217	224	230	236	242	1	1	2	2	3	4	4	5	5
712	248	254	260	266	272	278	285	291	297	303	1	1	2	2	3	4	4	5	5
713	309	315	321	327	333	339	345	352	358	364	1	1	2	2	3	4	4	5	5
714	370	376	382	388	394	400	406	412	418	425	1	1	2	2	3	4	4	5	5
715	431	437	443	449	455	461	467	473	479	485	1	1	2	2	3	4	4	5	5
716	491	497	503	509	516	522	528	534	540	546	1	1	2	2	3	4	4	5	5
717	552	558	564	570	576	582	588	594	600	606	1	1	2	2	3	4	4	5	5
718	612	618	625	631	637	643	649	655	661	667	1	1	2	2	3	4	4	5	5
719	673	679	685	691	697	703	709	715	721	727	1	1	2	2	3	4	4	5	5
720	733	739	745	751	757	763	769	775	781	788	1	1	2	2	3	4	4	5	5
721	794	800	806	812	818	824	830	836	842	848	1	1	2	2	3	4	4	5	5
722	854	860	866	872	878	884	890	896	902	908	1	1	2	2	3	4	4	5	5
723	914	920	926	932	938	944	950	956	962	968	1	1	2	2	3	4	4	5	5
724	974	980	986	992	998	*004	*010	*016	*022	*028	1	1	2	2	3	4	4	5	5
725	86 034	040	046	052	058	064	070	076	082	088	1	1	2	2	3	4	4	5	5
726	094	100	106	112	118	124	130	136	141	147	1	1	2	2	3	4	4	5	5
727	153	159	165	171	177	183	189	195	201	207	1	1	2	2	3	4	4	5	5
728	213	219	225	231	237	243	249	255	261	267	1	1	2	2	3	4	4	5	5
729	273	279	285	291	297	303	308	314	320	326	1	1	2	2	3	4	4	5	5
730	332	338	344	350	356	362	368	374	380	386	1	1	2	2	3	4	4	5	5
731	392	398	404	410	415	421	427	433	439	445	1	1	2	2	3	4	4	5	5
732	451	457	463	469	475	481	487	493	499	504	1	1	2	2	3	4	4	5	5
733	510	516	522	528	534	540	546	552	558	564	1	1	2	2	3	4	4	5	5
734	570	576	581	587	593	599	605	611	617	623	1	1	2	2	3	4	4	5	5
735	629	635	641	646	652	658	664	670	676	682	1	1	2	2	3	4	4	5	5
736	688	694	700	705	711	717	723	729	735	741	1	1	2	2	3	4	4	5	5
737	747	753	759	764	770	776	782	788	794	800	1	1	2	2	3	4	4	5	5
738	806	812	817	823	829	835	841	847	853	859	1	1	2	2	3	4	4	5	5
739	864	870	876	882	888	894	900	906	911	917	1	1	2	2	3	4	4	5	5
740	923	929	935	941	947	953	958	964	970	976	1	1	2	2	3	4	4	5	5
741	982	988	994	999	*005	*011	*017	*023	*029	*035	1	1	2	2	3	4	4	5	5
742	87 040	046	052	058	064	070	075	081	087	093	1	1	2	2	3	4	4	5	5
743	099	105	111	116	122	128	134	140	146	151	1	1	2	2	3	4	4	5	5
744	157	163	169	175	181	186	192	198	204	210	1	1	2	2	3	4	4	5	5
745	216	221	227	233	239	245	251	256	262	268	1	1	2	2	3	3	4	5	5
746	274	280	286	291	297	303	309	315	320	326	1	1	2	2	3	3	4	5	5
747	332	338	344	349	355	361	367	373	379	384	1	1	2	2	3	3	4	5	5
748	390	396	402	408	413	419	425	431	437	442	1	1	2	2	3	3	4	5	5
749	448	454	460	466	471	477	483	489	495	500	1	1	2	2	3	3	4	5	5
750	506	512	518	523	529	535	541	547	552	558	1	1	2	2	3	3	4	5	5

N.	L. 0	1	2	3	4	5	6	7	8	9	1	2	3	4	5	6	7	8	9

N.	L.	0	1	2	3	4	5	6	7	8	9	1	2	3	4	5	6	7	8	9
750	87	506	512	518	523	529	535	541	547	552	558	1	1	2	2	3	3	4	5	5
751		564	570	576	581	587	593	599	604	610	616	1	1	2	2	3	3	4	5	5
752		622	628	633	639	645	651	656	662	668	674	1	1	2	2	3	3	4	5	5
753		679	685	691	697	703	708	714	720	726	731	1	1	2	2	3	3	4	5	5
754		737	743	749	754	760	766	772	777	783	789	1	1	2	2	3	3	4	5	5
755		795	800	806	812	818	823	829	835	841	846	1	1	2	2	3	3	4	5	5
756		852	858	864	869	875	881	887	892	898	904	1	1	2	2	3	3	4	5	5
757		910	915	921	927	933	938	944	950	955	961	1	1	2	2	3	3	4	5	5
758		967	973	978	984	990	996	*001	*007	*013	*018	1	1	2	2	3	3	4	5	5
759	88	024	030	036	041	047	053	058	064	070	076	1	1	2	2	3	3	4	5	5
760		081	087	093	098	104	110	116	121	127	133	1	1	2	2	3	3	4	5	5
761		138	144	150	156	161	167	173	178	184	190	1	1	2	2	3	3	4	5	5
762		195	201	207	213	218	224	230	235	241	247	1	1	2	2	3	3	4	5	5
763		252	258	264	270	275	281	287	292	298	304	1	1	2	2	3	3	4	5	5
764		309	315	321	326	332	338	343	349	355	360	1	1	2	2	3	3	4	5	5
765		366	372	377	383	389	395	400	406	412	417	1	1	2	2	3	3	4	5	5
766		423	429	434	440	446	451	457	463	468	474	1	1	2	2	3	3	4	5	5
767		480	485	491	497	502	508	513	519	525	530	1	1	2	2	3	3	4	5	5
768		536	542	547	553	559	564	570	576	581	587	1	1	2	2	3	3	4	5	5
769		593	598	604	610	615	621	627	632	638	643	1	1	2	2	3	3	4	5	5
770		649	655	660	666	672	677	683	689	694	700	1	1	2	2	3	3	4	5	5
771		705	711	717	722	728	734	739	745	750	756	1	1	2	2	3	3	4	5	5
772		762	767	773	779	784	790	795	801	807	812	1	1	2	2	3	3	4	4	5
773		818	824	829	835	840	846	852	857	863	868	1	1	2	2	3	3	4	4	5
774		874	880	885	891	897	902	908	913	919	925	1	1	2	2	3	3	4	4	5
775		930	936	941	947	953	958	964	969	975	981	1	1	2	2	3	3	4	4	5
776		986	992	997	*003	*009	*014	*020	*025	*031	*037	1	1	2	2	3	3	4	4	5
777	89	042	048	053	059	064	070	076	081	087	092	1	1	2	2	3	3	4	4	5
778		098	104	109	115	120	126	131	137	143	148	1	1	2	2	3	3	4	4	5
779		154	159	165	170	176	182	187	193	198	204	1	1	2	2	3	3	4	4	5
780		209	215	221	226	232	237	243	248	254	260	1	1	2	2	3	3	4	4	5
781		265	271	276	282	287	293	298	304	310	315	1	1	2	2	3	3	4	4	5
782		321	326	332	337	343	348	354	360	365	371	1	1	2	2	3	3	4	4	5
783		376	382	387	393	398	404	409	415	421	426	1	1	2	2	3	3	4	4	5
784		432	437	443	448	454	459	465	470	476	481	1	1	2	2	3	3	4	4	5
785		487	492	498	504	509	515	520	526	531	537	1	1	2	2	3	3	4	4	5
786		542	548	553	559	564	570	575	581	586	592	1	1	2	2	3	3	4	4	5
787		597	603	609	614	620	625	631	636	642	647	1	1	2	2	3	3	4	4	5
788		653	658	664	669	675	680	686	691	697	702	1	1	2	2	3	3	4	4	5
789		708	713	719	724	730	735	741	746	752	757	1	1	2	2	3	3	4	4	5
790		763	768	774	779	785	790	796	801	807	812	1	1	2	2	3	3	4	4	5
791		818	823	829	834	840	845	851	856	862	867	1	1	2	2	3	3	4	4	5
792		873	878	883	889	894	900	905	911	916	922	1	1	2	2	3	3	4	4	5
793		927	933	938	944	949	955	960	966	971	977	1	1	2	2	3	3	4	4	5
794		982	988	993	998	*004	*009	*015	*020	*026	*031	1	1	2	2	3	3	4	4	5
795	90	037	042	048	053	059	064	069	075	080	086	1	1	2	2	3	3	4	4	5
796		091	097	102	108	113	119	124	129	135	140	1	1	2	2	3	3	4	4	5
797		146	151	157	162	168	173	179	184	189	195	1	1	2	2	3	3	4	4	5
798		200	206	211	217	222	227	233	238	244	249	1	1	2	2	3	3	4	4	5
799		255	260	266	271	276	282	287	293	298	304	1	1	2	2	3	3	4	4	5
800		309	314	320	325	331	336	342	347	352	358	1	1	2	2	3	3	4	4	5
N.	L.	0	1	2	3	4	5	6	7	8	9	1	2	3	4	5	6	7	8	9

 Fünfstellige Logarithmen.

N.	L.	0	1	2	3	4	5	6	7	8	9	Proportionalteile								
												1	2	3	4	5	6	7	8	9
800	90 309	314	320	325	331	336	342	347	352	358		1	1	2	2	3	3	4	4	5
801	363	369	374	380	385	390	396	401	407	412		1	1	2	2	3	3	4	4	5
802	417	423	428	434	439	445	450	455	461	466		1	1	2	2	3	3	4	4	5
803	472	477	482	488	493	499	504	509	515	520		1	1	2	2	3	3	4	4	5
804	526	531	536	542	547	553	558	563	569	574		1	1	2	2	3	3	4	4	5
805	580	585	590	596	601	607	612	617	623	628		1	1	2	2	3	3	4	4	5
806	634	639	644	650	655	660	666	671	677	682		1	1	2	2	3	3	4	4	5
807	687	693	698	703	709	714	720	725	730	736		1	1	2	2	3	3	4	4	5
808	741	747	752	757	763	768	773	779	784	789		1	1	2	2	3	3	4	4	5
809	795	800	806	811	816	822	827	832	838	843		1	1	2	2	3	3	4	4	5
810	849	854	859	865	870	875	881	886	891	897		1	1	2	2	3	3	4	4	5
811	902	907	913	918	924	929	934	940	945	950		1	1	2	2	3	3	4	4	5
812	956	961	966	972	977	982	988	993	998	*004		1	1	2	2	3	3	4	4	5
813	91 009	014	020	025	030	036	041	046	052	057		1	1	2	2	3	3	4	4	5
814	062	068	073	078	084	089	094	100	105	110		1	1	2	2	3	3	4	4	5
815	116	121	126	132	137	142	148	153	158	164		1	1	2	2	3	3	4	4	5
816	169	174	180	185	190	196	201	206	212	217		1	1	2	2	3	3	4	4	5
817	222	228	233	238	243	249	254	259	265	270		1	1	2	2	3	3	4	4	5
818	275	281	286	291	297	302	307	312	318	323		1	1	2	2	3	3	4	4	5
819	328	334	339	344	350	355	360	365	371	376		1	1	2	2	3	3	4	4	5
820	381	387	392	397	403	408	413	418	424	429		1	1	2	2	3	3	4	4	5
821	434	440	445	450	455	461	466	471	477	482		1	1	2	2	3	3	4	4	5
822	487	492	498	503	508	514	519	524	529	535		1	1	2	2	3	3	4	4	5
823	540	545	551	556	561	566	572	577	582	587		1	1	2	2	3	3	4	4	5
824	593	598	603	609	614	619	624	630	635	640		1	1	2	2	3	3	4	4	5
825	645	651	656	661	666	672	677	682	687	693		1	1	2	2	3	3	4	4	5
826	698	703	709	714	719	724	730	735	740	745		1	1	2	2	3	3	4	4	5
827	751	756	761	766	772	777	782	787	793	798		1	1	2	2	3	3	4	4	5
828	803	808	814	819	824	829	834	840	845	850		1	1	2	2	3	3	4	4	5
829	855	861	866	871	876	882	887	892	897	903		1	1	2	2	3	3	4	4	5
830	908	913	918	924	929	934	939	944	950	955		1	1	2	2	3	3	4	4	5
831	960	965	971	976	981	986	991	997	*002	*007		1	1	2	2	3	3	4	4	5
832	92 012	018	023	028	033	038	044	049	054	059		1	1	2	2	3	3	4	4	5
833	065	070	075	080	085	091	096	101	106	111		1	1	2	2	3	3	4	4	5
834	117	122	127	132	137	143	148	153	158	163		1	1	2	2	3	3	4	4	5
835	169	174	179	184	189	195	200	205	210	215		1	1	2	2	3	3	4	4	5
836	221	226	231	236	241	247	252	257	262	267		1	1	2	2	3	3	4	4	5
837	273	278	283	288	293	298	304	309	314	319		1	1	2	2	3	3	4	4	5
838	324	330	335	340	345	350	355	361	366	371		1	1	2	2	3	3	4	4	5
839	376	381	387	392	397	402	407	412	418	423		1	1	2	2	3	3	4	4	5
840	428	433	438	443	449	454	459	464	469	474		1	1	2	2	3	3	4	4	5
841	480	485	490	495	500	505	511	516	521	526		1	1	2	2	3	3	4	4	5
842	531	536	542	547	552	557	562	567	572	578		1	1	2	2	3	3	4	4	5
843	583	588	593	598	603	609	614	619	624	629		1	1	2	2	3	3	4	4	5
844	634	639	645	650	655	660	665	670	675	681		1	1	2	2	3	3	4	4	5
845	686	691	696	701	706	711	716	722	727	732		1	1	2	2	3	3	4	4	5
846	737	742	747	752	758	763	768	773	778	783		1	1	2	2	3	3	4	4	5
847	788	793	799	804	809	814	819	824	829	834		1	1	2	2	3	3	4	4	5
848	840	845	850	855	860	865	870	875	881	886		1	1	2	2	3	3	4	4	5
849	891	896	901	906	911	916	921	927	932	937		1	1	2	2	3	3	4	4	5
850	942	947	952	957	962	967	973	978	983	988		1	1	2	2	3	3	4	4	5
N.	L.	0	1	2	3	4	5	6	7	8	9	1	2	3	4	5	6	7	8	9

N.	L.	0	1	2	3	4	5	6	7	8	9	1	2	3	4	5	6	7	8	9
												Proportionalteile								
850	92	942	947	952	957	962	967	973	978	983	988	1	1	2	2	3	3	4	4	5
851		993	998	*003	*008	*013	*018	*024	*029	*034	*039	1	1	2	2	3	3	4	4	5
852	93	044	049	054	059	064	069	075	080	085	090	1	1	2	2	3	3	4	4	5
853		095	100	105	110	115	120	125	131	136	141	1	1	2	2	3	3	4	4	5
854		146	151	156	161	166	171	176	181	186	192	1	1	2	2	3	3	4	4	5
855		197	202	207	212	217	222	227	232	237	242	1	1	2	2	3	3	4	4	5
856		247	252	258	263	268	273	278	283	288	293	1	1	2	2	3	3	4	4	5
857		298	303	308	313	318	323	328	334	339	344	1	1	2	2	3	3	4	4	5
858		349	354	359	364	369	374	379	384	389	394	1	1	2	2	3	3	4	4	5
859		399	404	409	414	420	425	430	435	440	445	1	1	2	2	3	3	4	4	5
860		450	455	460	465	470	475	480	485	490	495	1	1	2	2	3	3	4	4	5
861		500	505	510	515	520	526	531	536	541	546	1	1	2	2	3	3	4	4	5
862		551	556	561	566	571	576	581	586	591	596	1	1	2	2	3	3	4	4	5
863		601	606	611	616	621	626	631	636	641	646	1	1	2	2	3	3	4	4	5
864		651	656	661	666	671	676	682	687	692	697	1	1	2	2	3	3	4	4	5
865		702	707	712	717	722	727	732	737	742	747	1	1	2	2	3	3	4	4	5
866		752	757	762	767	772	777	782	787	792	797	1	1	2	2	3	3	4	4	5
867		802	807	812	817	822	827	832	837	842	847	1	1	2	2	3	3	4	4	5
868		852	857	862	867	872	877	882	887	892	897	1	1	2	2	3	3	4	4	5
869		902	907	912	917	922	927	932	937	942	947	0	1	1	2	2	3	3	4	4
870		952	957	962	967	972	977	982	987	992	997	0	1	1	2	2	3	3	4	4
871	94	002	007	012	017	022	027	032	037	042	047	0	1	1	2	2	3	3	4	4
872		052	057	062	067	072	077	082	086	091	096	0	1	1	2	2	3	3	4	4
873		101	106	111	116	121	126	131	136	141	146	0	1	1	2	2	3	3	4	4
874		151	156	161	166	171	176	181	186	191	196	0	1	1	2	2	3	3	4	4
875		201	206	211	216	221	226	231	236	240	245	0	1	1	2	2	3	3	4	4
876		250	255	260	265	270	275	280	.285	290	295	0	1	1	2	2	3	3	4	4
877		300	305	310	315	320	325	330	335	340	345	0	1	1	2	2	3	3	4	4
878		349	354	359	364	369	374	379	384	389	394	0	1	1	2	2	3	3	4	4
879		399	404	409	414	419	424	429	433	438	443	0	1	1	2	2	3	3	4	4
880		448	453	458	463	468	473	478	483	488	493	0	1	1	2	2	3	3	4	4
881		498	503	507	512	517	522	527	532	537	542	0	1	1	2	2	3	3	4	4
882		547	552	557	562	567	571	576	581	586	591	0	1	1	2	2	3	3	4	4
883		596	601	606	611	616	621	626	630	635	640	0	1	1	2	2	3	3	4	4
884		645	650	655	660	665	670	675	680	685	689	0	1	1	2	2	3	3	4	4
885		694	699	704	709	714	719	724	729	734	738	0	1	1	2	2	3	3	4	4
886		743	748	753	758	763	768	773	778	783	787	0	1	1	2	2	3	3	4	4
887		792	797	802	807	812	817	822	827	832	836	0	1	1	2	2	3	3	4	4
888		841	846	851	856	861	866	871	876	880	885	0	1	1	2	2	3	3	4	4
889		890	895	900	905	910	915	919	924	929	934	0	1	1	2	2	3	3	4	4
890		939	944	949	954	959	963	968	973	978	983	0	1	1	2	2	3	3	4	4
891		988	993	998	*002	*007	*012	*017	*022	*027	*032	0	1	1	2	2	3	3	4	4
892	95	036	041	046	051	056	061	066	071	075	080	0	1	1	2	2	3	3	4	4
893		085	090	095	100	105	109	114	119	124	129	0	1	1	2	2	3	3	4	4
894		134	139	143	148	153	158	163	168	173	177	0	1	1	2	2	3	3	4	4
895		182	187	192	197	202	207	211	216	221	226	0	1	1	2	2	3	3	4	4
896		231	236	240	245	250	255	260	265	270	274	0	1	1	2	2	3	3	4	4
897		279	284	289	294	299	303	308	313	318	323	0	1	1	2	2	3	3	4	4
898		328	332	337	342	347	352	357	361	366	371	0	1	1	2	2	3	3	4	4
899		376	381	386	390	395	400	405	410	415	419	0	1	1	2	2	3	3	4	4
900		424	429	434	439	444	448	453	458	463	468	0	1	1	2	2	3	3	4	4
N.	L.	0	1	2	3	4	5	6	7	8	9	1	2	3	4	5	6	7	8	9

N.	L.	0	1	2	3	4	5	6	7	8	9	1	2	3	4	5	6	7	8	9
														Prop	ortio	nalt	eile			
900	95	424	429	434	439	444	448	453	458	463	468	0	1	1	2	2	3	3	4	4
901		472	477	482	487	492	497	501	506	511	516	0	1	1	2	2	3	3	4	4
902		521	525	530	535	540	545	550	554	559	564	0	1	1	2	2	3	3	4	4
903		569	574	578	583	588	593	598	602	607	612	0	1	1	2	2	3	3	4	4
904		617	622	626	631	636	641	646	650	655	660	0	1	1	2	2	3	3	4	4
905		665	670	674	679	684	689	694	698	703	708	0	1	1	2	2	3	3	4	4
906		713	718	722	727	732	737	742	746	751	756	0	1	1	2	2	3	3	4	4
907		761	766	770	775	780	785	789	794	799	804	0	1	1	2	2	3	3	4	4
908		809	813	818	823	828	832	837	842	847	852	0	1	1	2	2	3	3	4	4
909		856	861	866	871	875	880	885	890	895	899	0	1	1	2	2	3	3	4	4
910		904	909	914	918	923	928	933	938	942	947	0	1	1	2	2	3	3	4	4
911		952	957	961	966	971	976	980	985	990	995	0	1	1	2	2	3	3	4	4
912		999	*004	*009	*014	*019	*023	*028	*033	*038	*042	0	1	1	2	2	3	3	4	4
913	96	047	052	057	061	066	071	076	080	085	090	0	1	1	2	2	3	3	4	4
914		095	099	104	109	114	118	123	128	133	137	0	1	1	2	2	3	3	4	4
915		142	147	152	156	161	166	171	175	180	185	0	1	1	2	2	3	3	4	4
916		190	194	199	204	209	213	218	223	227	232	0	1	1	2	2	3	3	4	4
917		237	242	246	251	256	261	265	270	275	280	0	1	1	2	2	3	3	4	4
918		284	289	294	298	303	308	313	317	322	327	0	1	1	2	2	3	3	4	4
919		332	336	341	346	350	355	360	365	369	374	0	1	1	2	2	3	3	4	4
920		379	384	388	393	398	402	407	412	417	421	0	1	1	2	2	3	3	4	4
921		426	431	435	440	445	450	454	459	464	468	0	1	1	2	2	3	3	4	4
922		473	478	483	487	492	497	501	506	511	515	0	1	1	2	2	3	3	4	4
923		520	525	530	534	539	544	548	553	558	562	0	1	1	2	2	3	3	4	4
924		567	572	577	581	586	591	595	600	605	609	0	1	1	2	2	3	3	4	4
925		614	619	624	628	633	638	642	647	652	656	0	1	1	2	2	3	3	4	4
926		661	666	670	675	680	685	689	694	699	703	0	1	1	2	2	3	3	4	4
927		708	713	717	722	727	731	736	741	745	750	0	1	1	2	2	3	3	4	4
928		755	759	764	769	774	778	783	788	792	797	0	1	1	2	2	3	3	4	4
929		802	806	811	816	820	825	830	834	839	844	0	1	1	2	2	3	3	4	4
930		848	853	858	862	867	872	876	881	886	890	0	1	1	2	2	3	3	4	4
931		895	900	904	909	914	918	923	928	932	937	0	1	1	2	2	3	3	4	4
932		942	946	951	956	960	965	970	974	979	984	0	1	1	2	2	3	3	4	4
933		988	993	997	*002	*007	*011	*016	*021	*025	*030	0	1	1	2	2	3	3	4	4
934	97	035	039	044	049	053	058	063	067	072	077	0	1	1	2	2	3	3	4	4
935		081	086	090	095	100	104	109	114	118	123	0	1	1	2	2	3	3	4	4
936		128	132	137	142	146	151	155	160	165	169	0	1	1	2	2	3	3	4	4
937		174	179	183	188	192	197	202	206	211	216	0	1	1	2	2	3	3	4	4
938		220	225	230	234	239	243	248	253	257	262	0	1	1	2	2	3	3	4	4
939		267	271	276	280	285	290	294	299	304	308	0	1	1	2	2	3	3	4	4
940		313	317	322	327	331	336	340	345	350	354	0	1	1	2	2	3	3	4	4
941		359	364	368	373	377	382	387	391	396	400	0	1	1	2	2	3	3	4	4
942		405	410	414	419	424	428	433	437	442	447	0	1	1	2	2	3	3	4	4
943		451	456	460	465	470	474	479	483	488	493	0	1	1	2	2	3	3	4	4
944		497	502	506	511	516	520	525	529	534	539	0	1	1	2	2	3	3	4	4
945		543	548	552	557	562	566	571	575	580	585	0	1	1	2	2	3	3	4	4
946		589	594	598	603	607	612	617	621	626	630	0	1	1	2	2	3	3	4	4
947		635	640	644	649	653	658	663	667	672	676	0	1	1	2	2	3	3	4	4
948		681	685	690	695	699	704	708	713	717	722	0	1	1	2	2	3	3	4	4
949		727	731	736	740	745	749	754	759	763	768	0	1	1	2	2	3	3	4	4
950		772	777	782	786	791	795	800	804	809	813	0	1	1	2	2	3	3	4	4
N.	L.	0	1	2	3	4	5	6	7	8	9	1	2	3	4	5	6	7	8	9

N.	L. 0	1	2	3	4	5	6	7	8	9	Proportionalteile								
											1	2	3	4	5	6	7	8	9
950	97 772	777	782	786	791	795	800	804	809	813	0	1	1	2	2	3	3	4	4
951	818	823	827	832	836	841	845	850	855	859	0	1	1	2	2	3	3	4	4
952	864	868	873	877	882	886	891	896	900	905	0	1	1	2	2	3	3	4	4
953	909	914	918	923	928	932	937	941	946	950	0	1	1	2	2	3	3	4	4
954	955	959	964	968	973	978	982	987	991	996	0	1	1	2	2	3	3	4	4
955	98 000	005	009	014	019	023	028	032	037	041	0	1	1	2	2	3	3	4	4
956	046	050	055	059	064	068	073	078	082	087	0	1	1	2	2	3	3	4	4
957	091	096	100	105	109	114	118	123	127	132	0	1	1	2	2	3	3	4	4
958	137	141	146	150	155	159	164	168	173	177	0	1	1	2	2	3	3	4	4
959	182	186	191	195	200	204	209	214	218	223	0	1	1	2	2	3	3	4	4
960	227	232	236	241	245	250	254	259	263	268	0	1	1	2	2	3	3	4	4
961	272	277	281	286	290	295	299	304	308	313	0	1	1	2	2	3	3	4	4
962	318	322	327	331	336	340	345	349	354	358	0	1	1	2	2	3	3	4	4
963	363	367	372	376	381	385	390	394	399	403	0	1	1	2	2	3	3	4	4
964	408	412	417	421	426	430	435	439	444	448	0	1	1	2	2	3	3	4	4
965	453	457	462	466	471	475	480	484	489	493	0	1	1	2	2	3	3	4	4
966	498	502	507	511	516	520	525	529	534	538	0	1	1	2	2	3	3	4	4
967	543	547	552	556	561	565	570	574	579	583	0	1	1	2	2	3	3	4	4
968	588	592	597	601	605	610	614	619	623	628	0	1	1	2	2	3	3	4	4
969	632	637	641	646	650	655	659	664	668	673	0	1	1	2	2	3	3	4	4
970	677	682	686	691	695	700	704	709	713	717	0	1	1	2	2	3	3	4	4
971	722	726	731	735	740	744	749	753	758	762	0	1	1	2	2	3	3	4	4
972	767	771	776	780	784	789	793	798	802	807	0	1	1	2	2	3	3	4	4
973	811	816	820	825	829	834	838	843	847	851	0	1	1	2	2	3	3	4	4
974	856	860	865	869	874	878	883	887	892	896	0	1	1	2	2	3	3	4	4
975	900	905	909	914	918	923	927	932	936	941	0	1	1	2	2	3	3	4	4
976	945	949	954	958	963	967	972	976	981	985	0	1	1	2	2	3	3	4	4
977	989	994	998	*003	*007	*012	*016	*021	*025	*029	0	1	1	2	2	3	3	4	4
978	99 034	038	043	047	052	056	061	065	069	074	0	1	1	2	2	3	3	4	4
979	078	083	087	092	096	100	105	109	114	118	0	1	1	2	2	3	3	4	4
980	123	127	131	136	140	145	149	154	158	162	0	1	1	2	2	3	3	4	4
981	167	171	176	180	185	189	193	198	202	207	0	1	1	2	2	3	3	4	4
982	211	216	220	224	229	233	238	242	247	251	0	1	1	2	2	3	3	4	4
983	255	260	264	269	273	277	282	286	291	295	0	1	1	2	2	3	3	4	4
984	300	304	308	313	317	322	326	330	335	339	0	1	1	2	2	3	3	4	4
985	344	348	352	357	361	366	370	374	379	383	0	1	1	2	2	3	3	4	4
986	388	392	396	401	405	410	414	419	423	427	0	1	1	2	2	3	3	4	4
987	432	436	441	445	449	454	458	463	467	471	0	1	1	2	2	3	3	4	4
988	476	480	484	489	493	498	502	506	511	515	0	1	1	2	2	3	3	4	4
989	520	524	528	533	537	542	546	550	555	559	0	1	1	2	2	3	3	4	4
990	564	568	572	577	581	585	590	594	599	603	0	1	1	2	2	3	3	4	4
991	607	612	616	621	625	629	634	638	642	647	0	1	1	2	2	3	3	4	4
992	651	656	660	664	669	673	677	682	686	691	0	1	1	2	2	3	3	4	4
993	695	699	704	708	712	717	721	726	730	734	0	1	1	2	2	3	3	3	4
994	739	743	747	752	756	760	765	769	774	778	0	1	1	2	2	3	3	3	4
995	782	787	791	795	800	804	808	813	817	822	0	1	1	2	2	3	3	3	4
996	826	830	835	839	843	848	852	856	861	865	0	1	1	2	2	3	3	3	4
997	870	874	878	883	887	891	896	900	904	909	0	1	1	2	2	3	3	3	4
998	913	917	922	926	930	935	939	944	948	952	0	1	1	2	2	3	3	3	4
999	957	961	965	970	974	978	983	987	991	996	0	1	1	2	2	3	3	3	4
1000	00 000	004	009	013	017	022	026	030	035	039	0	1	1	2	2	3	3	3	4
N.	L. 0	1	2	3	4	5	6	7	8	9	1	2	3	4	5	6	7	8	9

Sinus	0	1	2	3	4	5	6	7	8	9	
0^0	0,0000	0,0175	0,0349	0,0523	0,0698	0,0872	0,1045	0,1219	0,1392	0,1564	80^0
10	0,1736	0,1908	0,2079	0,2250	0,2419	0,2588	0,2756	0,2924	0,3090	0,3256	70
20	0,3420	0,3584	0,3746	0,3907	0,4067	0,4226	0,4384	0,4540	0,4695	0,4848	60
30	0,5000	0,5150	0,5299	0,5446	0,5592	0,5736	0,5878	0,6018	0,6157	0,6293	50
40	0,6428	0,6561	0,6691	0,6820	0,6947	0,7071	0 7193	0,7314	0,7431	0,7547	40
50	0,7660	0,7771	0,7880	0,7986	0,8090	0,8192	0,8290	0,8387	0,8480	0,8572	30
60	0,8660	0,8746	0,8829	0,8910	0,8988	0,9063	0,9135	0,9205	0,9272	0,9336	20
70	0,9397	0,9455	0,9511	0,9563	0,9613	0,9659	0,9703	0,9744	0,9781	0,9816	10
80	0,9848	0,9877	0,9903	0,9925	0,9945	0,9962	0,9976	0,9986	0,9994	0,9998	0
	10	9	8	7	6	5	4	3	2	1	Ko-sinus

Tan-gens	0	1	2	3	4	5	6	7	8	9	
0^0	0,0000	0,0175	0,0349	0,0524	0,0699	0,0875	0,1051	0,1228	0,1405	0,1584	80^0
10	0,1763	0,1944	0,2126	0,2309	0,2493	0,2679	0,2867	0,3057	0,3249	0,3443	70
20	0,3640	0,3839	0,4040	0,4245	0,4452	0,4663	0,4877	0,5095	0,5317	0,5543	60
30	0,5774	0,6009	0,6249	0,6494	0,6745	0,7002	0,7265	0,7536	0,7813	0,8098	50
40	0,8391	0,8693	0,9004	0,9325	0,9657	1,0000	1,036	1,072	1,111	1,150	40
50	1,192	1,235	1,280	1,327	1,376	1,428	1,483	1,540	1,600	1,664	30
60	1,732	1,804	1,881	1,963	2,050	2,145	2,246	2,356	2,475	2,605	20
70	2,747	2,904	3,078	3,271	3,487	3,732	4,011	4,331	4,705	5,145	10
80	5,671	6,314	7,115	8,144	9,514	11,430	14,301	19,081	28,636	57,290	0
	10	9	8	7	6	5	4	3	2	1	Kotan-gens

Die mit *) bezeichneten Reihen gelten für $+1 > x > -1$; die Reihe tg x gilt für $\frac{1}{2}\pi > x > -\frac{1}{2}\pi$.

$$(1 + x)^n = 1 + nx + \frac{n(n-1)}{1 \cdot 2} x^2 + \frac{n(n-1)(n-2)}{1 \cdot 2 \cdot 3} x^3 + \cdots \, {}^*)$$

$$e^x = 1 + \frac{x}{1} + \frac{x^2}{1 \cdot 2} + \frac{x^3}{1 \cdot 2 \cdot 3} + \frac{x^4}{1 \cdot 2 \cdot 3 \cdot 4} + \cdots$$

$$\sin x = x - \frac{x^3}{1 \cdot 2 \cdot 3} + \frac{x^5}{1 \cdot 2 \cdot 3 \cdot 4 \cdot 5} - \cdots = \frac{1}{2i}(e^{ix} - e^{-ix})$$

$$\cos x = 1 - \frac{x^2}{1 \cdot 2} + \frac{x^4}{1 \cdot 2 \cdot 3 \cdot 4} - \cdots = \frac{1}{2}(e^{ix} + e^{-ix})$$

$$\text{tg } x = x + \frac{1}{3} x^3 + \frac{2}{15} x^5 + \frac{17}{315} x^7 + \frac{62}{2835} x^9 + \cdots$$

$$\text{arc sin } x = \frac{x}{1} + \frac{1}{2} \frac{x^3}{3} + \frac{1 \cdot 3}{2 \cdot 4} \frac{x^5}{5} + \frac{1 \cdot 3 \cdot 5}{2 \cdot 4 \cdot 6} \frac{x^7}{7} + \cdots \, {}^*)$$

$$\text{arc tg } x = \frac{x}{1} - \frac{x^3}{3} + \frac{x^5}{5} - \frac{x^7}{7} + \cdots \, {}^*)$$

$$\log \text{nat} (1 \pm x) = \pm \frac{x}{1} - \frac{x^2}{2} \pm \frac{x^3}{3} - \frac{x^4}{4} \pm \cdots \, {}^*)$$

$$\frac{1}{2} \log \text{nat} \left(\frac{1 + x}{1 - x} \right) = \frac{x}{1} + \frac{x^3}{3} + \frac{x^5}{5} + \cdots \, {}^*)$$

$$\log \text{nat } x = \frac{\log \text{vulg } x}{\log \text{vulg } e}; \quad \frac{1}{\log \text{vulg } e} = 2{,}302\,59; \quad e = 2{,}718\,28; \quad \pi = 3{,}141\,59;$$

Bogen $1 = 57{,}296^0 = 3\,437{,}75' = 206\,265''$.

Gase und Flüssigkeiten	Dichte bei 0^0		Mittlerer Spannungs-bzw. Ausdehnungskoeffizient zwischen o u.100^0	Siedepunkt	Erstarrungspunkt	Kritische Temperatur	Spezifische Wärme bei konst. Drucke zwischen o u. 200^0
	Gewicht von 1 l in g	Luft = 1					
Luft	1,2928	1,0000	0,003 674 4	-192^0	—	-140^0	0,241
Sauerstoff . .	1,4292	1,1056	3 674	$-182,9$	-218^0	-119	0,218
Stickstoff . .	1,2505	0,9673	3 674 4	$-195,6$	$-210,5$	-146	0,249
Wasserstoff .	0,08985	0,06950	3 662 6	$-252,6$	$-258,9$	-240	3,41
Helium . . .	0,1786	0,1381	3 662 7	$-268,7$	—	-268	1,26
Argon . . .	1,781	1,378	3 67	-186	-188	-122	0,123
Chlor. . . .	3,22	2,49	3 81	$-33,7$	-102	$+146$	0,124
Fluor. . . .	1,69	1,31	—	-187	-233	—	—
Wasserdampf	0,804	0,622	—	$+100$	o	$+370$	0,48
Kohlensäure.	1,9768	1,5291	3 726 2	$-78,2$	-57	$+31$	0,215
Kohlenoxyd .	1,2503	0,9671	3 667	$-190,0$	-207	-140	0,250
Stickoxyd . .	1,3402	1,0367	3 707	-150	-167	-96	0,232
Stickoxydul .	1,9777	1,5298	3 68	-90	-103	$+37$	0,225
Ammoniak .	0,7708	0,5962	3 80	$-33,5$	$-75,5$	$+131$	0,52
	bei 18^0						
Äther[1] . . .	0,717	—	0,001 636	34,6	-118	194	0,54
Alkohol[1] . .	0,791	—	1 16	78,3	-118	243	0,65
Anilin . . .	1,02	—	0 920	184	-6	426	0,51
Benzol . . .	0,88	—	1 34	80,2	$+5,6$	288	0,43
Chloroform[1]	1,49	—	1 324	61,2	-64	260	0,23
Glyzerin . .	1,26	—	0 534	290	-20	—	0,58
Schwefelkohlenstoff[1]	1,26	—	1 26	46	-113	275	0,24
Toluol . . .	0,89	—	1 206	110	-92	321	0,44
Wasser[2] . .	0,99862	—	0 432 9	100	o	370	1 (bei 15^0)

Metalle	Dichte	Mittlerer linearer Ausdehnungskoeffizient zwischen o u. 100^0	Schmelzpunkt	Spezifische Wärme	Wärme-Leitvermögen CGS	Spezifischer elektrischer Widerstand $\times 10^4$ [4] bei 18^0
Aluminium .	2,7	0,000 023	658^0	0,22	0,48	0,032
Antimon . .	6,7	010 6	630	0,050	0,04	0,45
Blei	11,3	028 0	327,4	0,031	0,08	0,21
Eisen. . . .	7,8	012	etwa 1500	0,11	0,15	0,12
Gold	19,2	014 7	1064	0,031	0,70	0,023
Iridium . . .	22,4	006 68	2300	0,032	0,33	0,053
Kadmium . .	8,6	031 6	320,9	0,056	0,22	0,076
Kalium[3] . .	0,87	084	62	0,17	—	0,086
Kupfer . . .	8,7	017	1084	0,093	0,93	0,017
Magnesium .	1,7	026	651	0,25	0,38	0,043
Natrium[3] . .	0,98	076	98	0,29	—	—
Nickel . . .	8,9	012 9	1450	0,11	0,14	0,09
Palladium . .	11,9	011 9	1550	0,059	0,17	0,107
Platin. . . .	21,4	009 00	$+1750$	0,032	0,17	0,108
Quecksilber .	13,55	(Kub.) 182 6	$-38,9$	0,0332	0,0135	0,958
Rhodium . .	12,4	008 5	$+1850$	—	0,30	0,060
Silber. . . .	10,5	019 4	961	0,055	1,00	0,016
Tantal . . .	16	007 9	2900	0,036	—	0,15
Wismut . . .	9,8	013 2	271	0,030	0,019	1,2
Zink	7,1	029 8	419,4	0,094	0,26	0,061
Zinn	7,3	023 0	231,8	0,054	0,15	0,113

[1] Mittlerer Ausdehnungskoeffizient und spezifische Wärme zwischen 0^0 und Siedepunkt.
[2] Dichte bei 0^0: 0,999 87; 10^0: 0,999 73; 20^0: 0,998 23; 30^0: 0,995 67; 100^0: 0,958 4.
[3] Mittlerer Ausdehnungskoeffizient zwischen 0^0 und Schmelzpunkt.
[4] Widerstand eines Drahtes von 1 m Länge und 1 qmm Querschnitt in Ohm.

Atomgewichte O = 16

A	39,83	Cd	112,40	H	1,008	N	14,01	Rb	85,45	Te	127,5
Ag	107,88	Ce	140,25	He	4,00	Na	23,00	Rh	102,9	Th	232,4
Al	27,1	Cl	35,46	Hg	200,6	Nb	94	Ru	101,7	Tl	204,0
As	74,96	Co	58,97	J	126,92	Ne	20,2	S	32,07	Ti	48,1
Au	197,2	Cr	52,0	In	114,8	Ni	58,68	Sb	120,2	U	238,5
B	11,0	Cs	132,81	Ir	193,1	O	16,00	Sc	44,1	V	51,0
Ba	137,37	Cu	63,57	K	39,10	Os	190,9	Se	79,2	W	184,0
Be	9,1	F	19,0	Kr	82,92	P	31,04	Si	28,3	X	130,2
Bi	208,0	Fe	55,9	Li	6,94	Pb	206,9	Sn	119,0	Y	89,0
Br	79,92	Ga	69,9	Mg	24,32	Pd	106,7	Sr	87,63	Yb	172,0
C	12,00	Gd	157,3	Mn	54,93	Pt	195,2	Ta	181,5	Zn	65,37
Ca	40,07	Ge	72,5	Mo	96,0	Ra	226,4	Tb	159,2	Zr	90,6

Brechungsindices und Drehung des Quarzes für die D-Linie (0,5893 μ) bei 18°C

Wasser	1,333	Benzol.	1,503	Kronglas	1,5 bis 1,6	Steinsalz	1,5441
Alkohol	1,362	Methylenjodid . . .	1,74	Flintglas	1,6 bis 1,75	Sylvin	1,4900
Schwefelkohlenstoff .	1,629	Acetylentetrabromid.	1,648	Quarz (ord.). . . .	1,5442	Glimmer	1,56 bis 1,60
Äther	1,36	Monobromonaphtalin	1,66	Flußspat.	1,4339	Zucker	1,56
Chloroform	1,447					Luft	1,000293

1 mm Quarz dreht um 21,71°

<table>
<tr><td colspan="3">Elastizität und Festigkeit</td><td colspan="2">Spannkraft des Wasser-
dampfes</td><td colspan="3" align="center">Äquivalente</td></tr>
<tr><td>Draht</td><td>Elastizitäts-
modul
kg/mm²</td><td>Festigkeit
kg/mm²</td><td colspan="2"></td><td colspan="3">1 Ampere scheidet in 1 Sek. aus 1,118 mg Ag } gleich 0,01036 mg-Äquivalente
0,3294 „ Cu }</td></tr>
<tr><td></td><td></td><td></td><td>4,58 mm</td><td>0°</td><td colspan="3">0,0933 „ H₂O = 0,1740 ccm Knallgas (0°, 760 mm)</td></tr>
<tr><td>Aluminium</td><td>6 500</td><td>—</td><td>1 Atm. (760 mm)</td><td>100</td><td colspan="3">1 g-Kalorie = 427,2 g × m = 4,190 intern. Joule (Wattsekunden)</td></tr>
<tr><td>Blei. . . .</td><td>1 700</td><td>2</td><td>2 „</td><td>120,6</td><td colspan="3"></td></tr>
<tr><td>Eisen . . .</td><td>20 000</td><td>bis 60</td><td>3 „</td><td>133,9</td><td>E. M. K. von Elementen</td><td colspan="2" align="center">Längenmaße</td></tr>
<tr><td>Stahl . . .</td><td>21 000</td><td>70</td><td>4 „</td><td>144,0</td><td>Daniell   = 1,1 Volt</td><td colspan="2">Preuß. (Rheinl.) Fuß = 12 Zoll = 144 Linien = 0,31385 m</td></tr>
<tr><td>Gold . . .</td><td>8 000</td><td>18</td><td>5 „</td><td>152,2</td><td>Grove od. Bunsen = 1,9   „</td><td colspan="2">Pariser Fuß   = 12 „ = 144   „   = 0,32484 „</td></tr>
<tr><td>Kadmium .</td><td>7 000</td><td>—</td><td>6 „</td><td>159,2</td><td>Akkumulator   = 2,05 „</td><td colspan="2">Englischer Fuß   = 12 „ = 120   „   = 0,30479 „</td></tr>
<tr><td>Kupfer . .</td><td>12 000</td><td>40</td><td>7 „</td><td>165,3</td><td>Clark (bei 20°)   = 1,427 „</td><td colspan="2">Geographische Meile   = 7422   „</td></tr>
<tr><td>Nickel. . .</td><td>20 000</td><td>—</td><td>8 „</td><td>170,8</td><td>Weston   = 1,0183 „</td><td colspan="2">Seemeile   = 1852   „</td></tr>
<tr><td>Palladium .</td><td>11 000</td><td>36</td><td>10 „</td><td>180,3</td><td colspan="3" align="center">Verschiedene Konstanten</td></tr>
<tr><td>Platin . . .</td><td>17 000</td><td>22</td><td>15 „</td><td>198,8</td><td colspan="2">Schallgeschwindigkeit in Luft(0°)331m/sek.</td><td>Molekulargewicht/Dampfdichte 28,95</td></tr>
<tr><td>Silber . . .</td><td>7 000</td><td>28</td><td>20 „</td><td>213,0</td><td colspan="2">Lichtgeschwindigkeit . . . 300.10⁶   „</td><td>Schmelzwärme des Wassers . 80,0 Kal.</td></tr>
<tr><td>Zink . . .</td><td>9 000</td><td>13</td><td>25 „</td><td>224,7</td><td colspan="2">Schwerebeschleunigung</td><td>Dampfwärme des Wassers . . 539   „</td></tr>
<tr><td>Zinn . . .</td><td>4 000</td><td>2</td><td>30 „</td><td>234,8</td><td colspan="2">(Meereshöhe, 45° Br.) . 980,6 cm/sek.²</td><td></td></tr>
</table>

GPSR Compliance
The European Union's (EU) General Product Safety Regulation (GPSR) is a set
of rules that requires consumer products to be safe and our obligations to
ensure this.

If you have any concerns about our products, you can contact us on

ProductSafety@springernature.com

In case Publisher is established outside the EU, the EU authorized
representative is:

Springer Nature Customer Service Center GmbH
Europaplatz 3
69115 Heidelberg, Germany